KB273003

혼자 떠나는 실크로드 노하우

가자, 실크로드 배낭여행

송기헌 저

The Silk Road

일진사

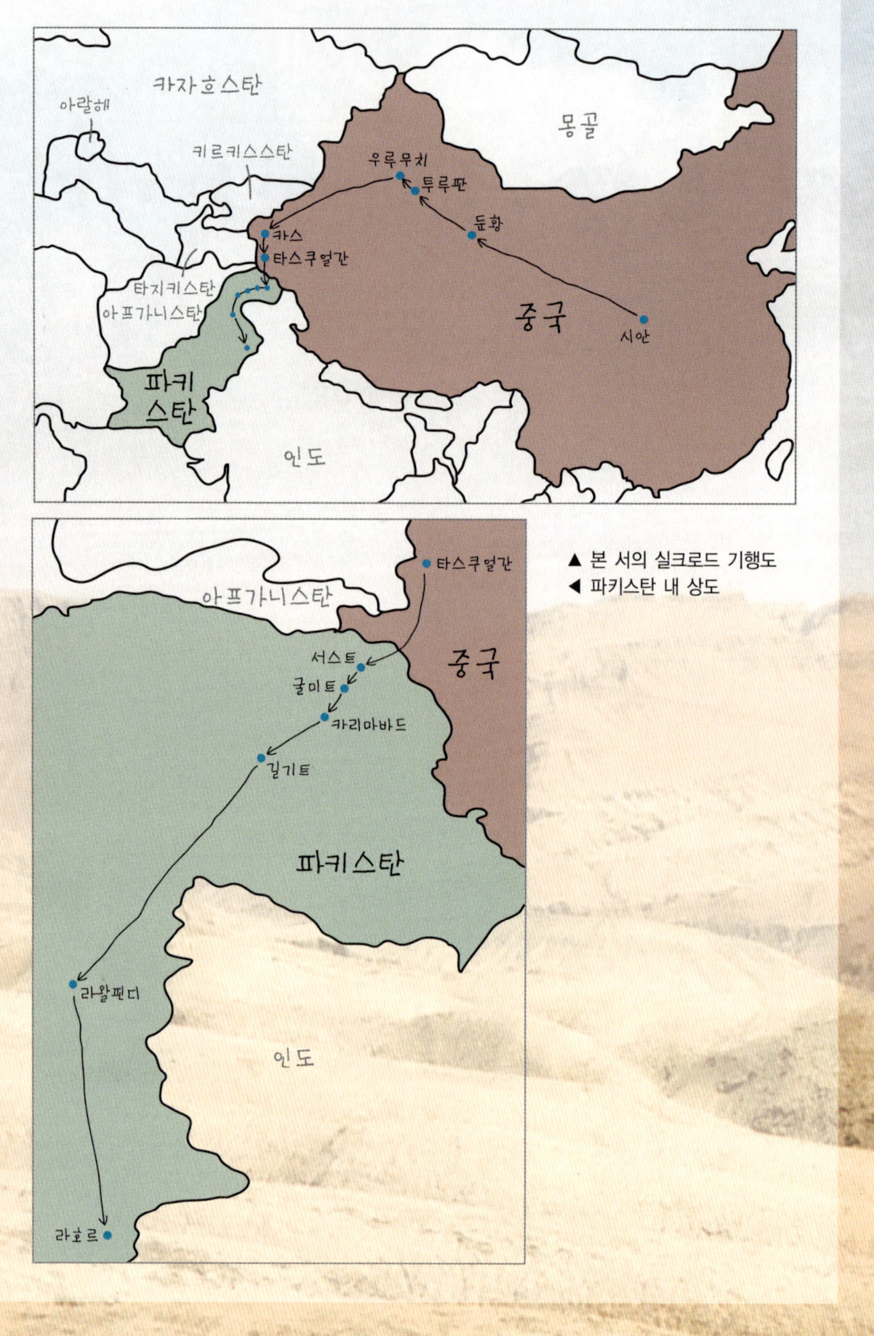

카자흐스탄
아랄해
키르키스스탄
몽골
우루무치
투루판
둔황
카스
타스쿠얼간
타지키스탄
아프가니스탄
파키
스탄
중국
시안
인도

타스쿠얼간
아프가니스탄
중국
서스트
굴미트
카리마바드
길기트
파키스탄
라왈핀디
인도
라호르

▲ 본 서의 실크로드 기행도
◀ 파키스탄 내 상도

프롤로그

'비단길', 초등학교 때 배운 용어다. 중국의 비단이 유럽으로 넘어간 길을 두고 하는 말이라고 선생님한테 배웠다.

그새 '비단길'이라는 용어는 사라졌다. 실크로드로 바뀐 것이다. 이제 우리 한국 사람들 누구도 '비단길'이라고 말하지 않는다.

실크로드라는 말은 원래 독일의 지리학자이며 탐험가였던 페르디난트 폰 리히트호펜(Ferdinand Von Richthofen, 1833~1905)이 처음 쓴 말이라고 한다. 그는 여러 차례에 걸쳐 아시아를 답사하면서 쓴 책 'China(히나)'에서 중국의 비단이 중앙아시아와 서부 인도로 수출되는 교역로를 설명하면서 이 길을 '자이덴 스트라센(Seiden Strassen)'이라고 이름 지었던 것이다. 여기서 '자이덴'은 독일어로 비단(silk)을 뜻하며 '스트라센'은 길(road)이라는 뜻이다.

어디 비단만이었겠는가. 이 길을 통하여 많은 물자와 문화가 오갔던 것이다. 즉 많은 상인들과 구법승들이 이 길을 오가며 물건을 나르고 각종 기술과 문화를 전파·전수했다. 한 예로 중국의 제지술이 이 길을 통하여 유럽으로 간 것이다. 실로 이 실크로드는 중국을 비롯한 아시아와 중동, 유럽 그리고 멀리는 아프리카까지 연결해 주는 세계의 대동맥이었던 것이다.

그러나 실크로드는 쇠퇴의 길을 맞았다. 그 길의 험준함으로 인하여 바닷길이 더 많이 이용되고 특히 오늘날 항공교통의 발달로 해서 구태여 그 힘든 육로로 오갈 필요가 없게 되었기 때문이다.

그렇다고 해서 실크로드가 완전히 죽은 것은 아니다. 중국의 우루무치는 중앙아시아의 물자 보급기지가 되어 이곳을 통하여 많은 물건들이 들어가고 있다. 서역 서남단의 도시 카스에는 파키스탄 상인들이 다수 와 있다. 이들은 다 현대판 대상(隊商)인 것이다.

나는 전부터 실크로드를 꼭 한번 밟을 것을 생각해 왔다. 그래서 틈틈이 중국과 중앙아시아 지도를 들여다 보곤 했다. 그 지도 속의 천산북로니 천산남로니 하며 뻗어 있는 길을 보고 있노라면 어느새 가슴엔 홍두깨질이 일어나고 피가 끓고 있었다.

그러던 중에 마침내 찬스가 왔다. 금년에 학교 당국으로부터 연구년을 허락받은 것이다. 그간 학교생활 20여년, 강의와 학생지도를 면제받고 평소에 관심 있는 분야에도 손을 댈 수 있게 된 것이다.

나는 과감히 실크로드 답사길에 나섰다. 기록에 의하면 중국 동진(東晋) 시대의 명승 법현(法顯)은 60세가 지난 나이에 서역길에 올랐다고 한다. 나도 비슷한 나이에 배낭을 멘 것이다.

실크로드는 다시 살아나고 있다. 그 살리는 주인공은 동서양의 모험심과 탐구심으로 무장한 배낭여행자들이다. 오늘도 그 길엔 많은 유럽인들과 미국인들, 일본인들이 땀 냄새 팍팍 풍기고 있다. 저자는 저 멀리 지구의 반대편에 있는 브라질에서 온 여성 배낭여행자도 만나 보았다. 이제 이 실크로드는 세기의 길이 되고 있는 것이다. 그러나 아직도 한국인 배낭여행자의 수는 미미한 수준에 그치고 있다.

여행 형태엔 크게 나누어 두 가지가 있다고 나는 생각한다. 하나는 여행사의 패키지 투어에 참여하는 여행이고 다른 하나는 스스로 찾아가는 여행인 배낭여행이다. 패키지 투어를 족집게 과외라고 한다면 배낭여행은 독학인 셈이다.

족집게 과외는 단시일 내에 효과를 보고 수험준비에도 힘이 덜 든다. 독학은 힘이 들고 수험준비에도 남다른 준비가 필요하다. 그러나 시험 후 남는 것이 많은 것은 오히려 독학 쪽일 것이다. 역시 배낭여행 쪽이 더 추억에 남고 기억에 남는다.

나는 이번 실크로드 배낭여행을 하면서 이웃 나라 일본의 젊은이들을 많이 보았다. 모두 바쁜 직장생활 중 짧은 틈을 내서 온 사람들이다. 이런 모습을 보면서 나는 우리 한국 사람들도 더 많이 이곳에 오면 좋겠다는 생각을 했다.

이 책은 저자인 내가 약 4주간에 걸쳐 중국 시안(西安)에서부터 파키스탄 라호르(Lahore)까지 약 6,000km를 여행하면서 느낀 소감과 가는 방법 등을 적은 것이다.

이 책은 2편으로 구성되어 있다. 먼저 서언에는 배낭여행의 정의와 실크로드 여행시의 마음가짐, 행동 시 유의사항, 3대 필수 휴대품을 제시하였다. 제1편은 여행기(旅行記)로서 여행 중에 만난 현지 주민과의 대화와 여행소감을 중심으로 하여 기술하였다.

제2편은 저자가 갔던 방법을 중심으로 하여 가는 방법을 적었다. 나는 나 이후에 이 실크로드를 가는 사람을 위하여 내가 한 여행방법을 철저히 기록해 두었다. 이와 같은 나의 실제 체험에다가 현지에서 추가로 조사한 자료를 보태어 가는 방법을 자세하고도 구체적으로 제시한 것이다. 그래서 나는 이 책 정도면 실크로드 여행 안내서로서는 어느 정도 충분하다고 생각한다. 물론 이 책에 추가하여 다른 자료도 참고할 필요는 있다.

견지관심(見地觀心)이라고 한다. 여행을 통하여 저쪽의 땅을 보고 저쪽 사람들의 생각을 알고 문화를 안다. 그것은 바로 이쪽 사람의 생을 풍요롭게 하는 길이다.

실크로드는 지금 세계적으로 뜨는 관광여행코스이다. 현대문명에 식상한 많은 서구인들이 이곳을 찾고 있다. 여러분들은 기름기 번지르르한 여행만 좋아할 것인가? 어서 배낭을 메자.

차 례

서언

배낭여행(背囊旅行 · backpacking)의 정의

배낭여행이란 개별적으로 여장(旅裝)을 갖추고 여행사나 가이드의 도움 없이 자신이 계획을 세우고 여행에 필요한 제반 절차와 문제를 스스로 해결하며 하는 여행이라고 정의할 수 있다.

따라서 배낭여행이란 말이 성립하기 위한 3가지 조건은 개별여장, 스스로의 계획 그리고 자력해결이라고 말할 수 있겠다.

그러니까 배낭여행을 한마디로 말하면 자기 짐 자기가 싸 짊어지고 스스로 해결하며 다니는 여행인 것이다.

따라서 이 여행의 대원칙과 조건은 자력해결(自力解決)이 된다.

실크로드 배낭여행을 할 때의 마음가짐

•• 깔끔 떨지 말아야 한다.

중국 서역을 위시한 실크로드 지역은 사막 내지 토질이 푸석푸석한 땅이 대부분이다. 거기에다가 비는 적고 바람은 심하여 모래와 흙이 많이 날린다.

마을 또한 충분히 정비되지 않아 길엔 항상 흙먼지가 날리고 있다. 거리엔 쓰레기가 나뒹구는 곳도 많다.

그래서 버스 짐칸이나 버스 위는 항상 흙먼지가 쌓여 있어서 그곳에 배낭 혹은 짐을 놓을 때마다 그것들은 흙먼지 투성이가 된다.

따라서 이러한 환경 속에서 여행하는 배낭여행자는 배낭에 흙먼지가 묻든 궁둥이가 좀 더러워지든 으레 그러려니 해야지 이걸 가지고 왜 이렇게 지저분하고 더럽냐고 투덜대면 여행할 자격이 없는 것이다.

• • 비위가 강해야 한다.

공공장소 등의 화장실에 들어가보면 앞사람의 오물이 잘 치워지지 않고 남아 있는 경우가 많다. 이동 중 들어가는 시골의 재래식 화장실도 어떤 곳은 분을 제때에 퍼내지 않아 넘치고 있다.

장터에서 식사할 때 보면 그릇은 제대로 씻어지지 않은 듯하고 주인은 이것저것 만지던 손으로 음식을 집어준다.

기차나 버스에서 보면 옆 사람이 토해서 음식물이 바닥에 널리기도 한다. 이것만이 아니다.

여행을 하다보면 위에서 말한 것 이외에도 이러저러한 비위가 상하는 장면을 자주 목격하게 된다.

배낭여행자는 여행을 성공적으로 계속해 나가기 위해서는 결코 위와 같은 장면에 구애를 받아서는 안 된다. 배낭여행자는 그만큼 비위가 강해야 한다.

• • 항상 귀를 열어놓고 상황을 눈치로 때려잡아야 한다.

여행하는 동안에는 주변 상황을 항상 파악하고 있어야 한다. 특히 이동 중에는 더욱 그래야 한다. 그렇기 위해서는 비록 현지 언어를 모르더라도 그 말 속에는 자기가 아는 지명 같은 단어가 포함될 수 있으므로 귀를 열어놓고 있어야 한다.

또한, 길을 잘 모르더라도 자기가 갖고 있는 감(感)을 잘 활용하면 능히 찾아갈 수 있다.

여행 중 닥치는 여러 상황을 감과 눈치를 잘 활용하여 파악하고 대응하면 여행을 매우 성공적으로 계속해 나갈 수 있다. 인간이 가지고 있는 육감을 잘 활용할 일이다.

●●바가지 좀 썼다고 열(熱) 내서는 안 된다.

뛰는 놈 위에 나는 놈이 있게 마련이다. 아무리 철저하게 사전 조사를 하고 마음을 굳게 먹어도 바가지를 쓸 때가 있다.

아무리 짠돌이 배낭여행자이지만 아차 하는 순간에 바가지 쓸 때가 있다. 바가지를 쓸 때는 써야 한다. 다음에 안 쓰면 된다. 여행 중에 바가지를 한번도 안 쓰겠다고 바드득거리면 여행을 망치게 된다.

그리고 바가지 한번 쓴 것을 가지고 계속 그것을 머리 속에 간직하고 있으면 안 된다. 허허 당했구나, 하고 웃어넘길 줄 알아야 한다. 불쾌한 감정을 빨리 잊고 내일(來日)로 나가야 한다.

●●외로움에 익숙해야 한다.

배낭여행자들의 대부분이 혼자이다. 가끔 두 명이 여행하는 것을 볼 수 있는데 그들은 거의 부부사이이다. 남남 간에 두 명 이상이 장기간 같이 시간을 낸다는 것은 여간 어려운 일이 아니기 때문이다.

배낭여행을 할 계획을 세우다가 보면 십중팔구는 으레 혼자 여행하게 된다. 따라서 단독 배낭여행자는 외로움에 익숙하도록 해야 한다. 식당에서 혼자 밥을 잘 먹어야 하고 버스나 기차에서도 혼자 창밖을 내다보며 시간을 익숙하게 잘 보내야 한다.

장시간 이동할 때는 무료함을 달래기 위하여 준비해온 카세트 테이프 레코더 등을 이어폰을 활용해 듣는 것도 좋다. 만일 언어가 어느 정도 통하면 옆에 앉은 사람과 대화를 즐길 수도 있다.

아무튼 배낭여행자는 혼자 있는 것에, 외로움에 익숙해야 한다. 그렇지 못하면 배낭여행자로서의 자격은 없다.

실크로드 배낭여행자의 행동 준수 사항

• •현지의 법과 규정을 준수하고 관습과 문화를 존중해야 한다.

유럽을 여행하는 일부의 배낭여행자들이 교통비를 아끼겠다고 하여 무임승차를 결행했다가 적발되어 벌금을 물었다는 이야기가 들린다. 또한 항공기 내의 담요를 슬쩍 해가는 배낭여행자가 있다고 한다.

실크로드 배낭여행자들은 그런 일은 하지 않아야 한다. 현지의 법과 규정을 준수하여야 한다.

둔황의 명사산을 입장료를 안내고 들어가는 방법이 있다는 등 이상한 소문이 들리는데 아낄 것을 아껴야지, 입장료를 안 내다 적발되면 큰 망신을 당하게 된다.

또한 현지의 문화와 관습을 존중해야 한다. 우리나라가 좀 잘산다고 불필요하게 으스대는 행위는 극력 피해야 한다.

• •물어보는 것을 아끼면 손해다.

길이라든가 차(車) 시각 같은 것을 모를 때는 망설이지 말고 사람들에게 물어보아야 한다. 교통기관에서 일하는 사람들은 그다지 친절한 편은 아니다. 문의를 하면 짜증을 잘 낸다. 하지만 꾹 참고, 알 수 있을 때까지 문의하여야 한다. 모르면 나만 손해다.

• •밤에 쓸데없이 혼자 돌아다니는 것을 삼가야 한다.

사고는 항상 오버하는 데에서 발생한다. 항상 자기의 몸과 마음을 돌아보면서 근신하는 태도로 여행을 하면 사고는 없다. 문제는 항상 정도(正道)를 벗어나는 곳에서 발생한다.

밤에 잠 안자고 돌아다니면 낮에 피곤하여 졸게 된다. 여러 사람들과 같이 여행을 하다보면 어떤 사람들은 밤에 잠 안자고 놀다가 낮에 이동할 때는 차창에 커튼을 치고 잔다. 그런 사람들은 무엇하러 여행하는지 도대체 알 수가 없다.

낮엔 열심히 보고 밤엔 열심히 자야 한다. 밤 문화는 초저녁으로 그쳐야 한다.

• • 항상 미소와 여유를 잃지 않아야 한다.

미소와 여유로 사람과 사물을 대하면 운이 좋아진다. 상대방도 좋은 감정을 갖게 됨은 물론이고 이쪽의 기분도 좋아진다.

지난 1960년대 세계일주를 수차례 했던 배낭여행자 고 김찬삼 교수의 말에 의하면 미소는 만국의 언어로서 미소만 있으면 아프리카 식인촌으로 잡혀가도 살아남을 수 있다고 한다.

항상 미소와 여유를 잃지 않고 지니고 있으면 여행 중에 병도 나지 않는다. 여행 중 만나는 모든 사람과 맞부딪치는 모든 상황을 미소와 여유로 대할 것을 잊어서는 안 될 것이다.

• • 품위를 잃지 말아야 한다.

세상은 거울이다. 자기가 한 만큼 비춰진다. 비록 때 묻은 옷에 흙먼지 묻은 배낭을 메어 행색이 거지같더라도 언행은 좀 고급스럽고 품위 있게 해야 한다. 그래야만 사람대접을 받을 수 있다.

사람들은 다 똑같다. '저 사람 머리 속에 뭔가 들은 게 있다'고 판단할 때에는 이쪽을 대하는 태도가 달라진다.

여행자는 민간 외교관이다. 그 사람을 보고 그 나라를 평가하려 한다. 한 나라에 대한 좋은 이미지는 입국심사 때 그대로 나타난다. 짐을 다 풀

어내어 보여 달라는 귀찮은 요구가 없다.

그동안 우리나라 사람들이 외국에서 잘 해온 덕분으로 한국에 대한 이미지가 좋다. 후배 여행자들은 선배들이 쌓아놓은 공든 탑을 무너뜨려서는 안 될 것이다.

실크로드 배낭여행자의 3대 필수 휴대품

매우 무더운 한 여름철이나 20대의 혈기왕성한 사람을 제외하고 실크로드 배낭여행자가 반드시 휴대해야 할 3가지 물건에는 다음과 같은 것이 있다.

••침낭

실크로드 지역은 일교차가 심하다. 낮에는 따뜻하더라도 밤에는 춥다. 따라서 야간에 잘 때 보온 대책을 세워야 한다. 그래서 침낭이 필요하다.

무엇보다도 여행 중에는 체온 유지가 중요하다. 몸이 차면 바로 병에 걸리기 쉽다. 나는 파키스탄 카리마바드에서 따뜻한 봄날인데도 몸살이 나서 매우 고생하는 일본인 여행자를 보았다. 일단 병이 나면 백약(百藥)이 거의 무효이다. 예방이 상책이다.

사족이지만 옛날 의서(醫書)를 보면 몸을 차게 하는 것이 만병의 근원이라고 했다.

••보온병

물을 갈아 마시면 설사를 하는 사람에겐 더욱 필요하다. 물을 끓여 마시면 증세를 완화시킬 수 있기 때문이다.

중국 음식은 기름진 게 많고 파키스탄 음식은 우리 한국 사람에게 잘 안 맞는 게 많다. 그런데 그런 것들을 먹고 얼음 같은 냉수를 마시면 속이 좋지 않게 될 가능성이 높다. 대신에 끓인 따뜻한 물을 마시면 그러한 증세를 사전에 방지할 수 있게 된다.

항상 끓인 따뜻한 물을 마실 수 있도록 보온병을 휴대하는 것을 잊어서는 안된다. 특히 나이가 좀 먹은 사람에게는 더더욱 필요하다.

• • CD 플레이어 등 들을 것

단독 배낭여행은 외롭다. 사실 배낭여행자는 거의 단독여행자이다. 이 책 저자인 내가 여행 중 만난 배낭여행자의 98%가 단독여행자였다. 나도 물론 혼자였다.

따라서 혼자 즐길 수 있는 그 무엇이 필요하다. 그래서 필요한 것이 '뭔가 들을 것' 그것이 아닌가 하는 생각이 든다. CD 플레이어나 카세트 테이프 레코더 등을 휴대하여 장시간 이동을 할 때라든가 저녁에 잠자리에 들 때 그런 것들을 이어폰을 끼고 들으면 지루함도 사라지고 잠도 잘 들 수 있게 된다.

이 밖에도 휴대해야 할 중요한 물건으로서 손전등이 있다. 실크로드 지역은 전력사정이 원활하지 못한 곳이 많다. 그래서 호텔방에 불이 가끔 나가고 밖이 가로등이 없어서 깜깜하다. 그간 우리나라의 전력 사정이 좋아서 정전이라고는 아예 한번도 경험해보지 못한 우리로서는 다른나라도 우리와 같겠지하고 생각하면 큰 오산이다. 따라서 정전이라든가 야간에 밖에서의 볼일에 대비하여 항상 손전등을 준비해두어야 함을 잊어서는 안 될 것이다.

제1편

여
행
기

아아, 조화옹의 재주가 놀라웁구나 – 화산(华山)

화산에 올랐다. 산을 보면 오르지 않고는 못 배기는 것이 나의 괴상한 성질이다. 이 화산은 시안(西安) 동쪽 약 120km지점에 있다. 전날 저녁 화산 등산신청을 해두었더니만 아침에 미니버스가 왔다.

이 호텔 저 호텔로 다니면서 버스를 갈아 태우며 사람을 이리 붙이고 저리 붙이더니만 인원이 확정됐는지 버스는 달리기 시작했다.

한참을 달리자 가이드가 앞에 나와 어떤 글자가 적힌 종이를 보이면서 말했다.

"이 글자 무슨 자인지 아는 사람 말해보시오."

차 내는 아는 사람이 한 사람도 없는지 조용했다. 그저 서로 얼굴만 바라볼 뿐이다. 잠시 후 가이드가 답을 말했다.

"이 글자는 '병' 이라고 읽는데 '국수' 라는 뜻이요."

"뭐, 병". "병". "국수".

이내 차 내는 술렁거렸다. 여기저기서 웃음소리 말소리로 차 내는 떠들썩했다.

가이드는 친절하게도 나에게 오더니만 내 노트에 그 글자를 쓰며 말했다. 그 가이드는 영어를 잘 못했다.

"이 글자의 발음은 'biang'이고 뜻은 'noodle'이요."

그러자 문득 생각이 났다. 옛날 학창시절에 재미있게 쓰며 웃던 한자(漢字), 즉 '우물 井'자 가운데 '·'이 있으면 '풍덩 풍자', '수레 車'자 밑에 '사람 人'자는 '죽을 꽥'자 등이 말이다.

나는 '이 사람들 한자가 획이 많아 복잡하여 못 쓰겠다고 해서 간체자(簡体字)[1]를 만들어내더니만 다시 이렇게 복잡한 글자를 만들어 내고, 이게 무슨 해괴한 짓이야.'라고 속으로 말하며 쓴 웃음을 삼켰다.

단체관광은 어느 나라나 마찬

'병·biang' 자(字). 뜻은 국수(noodle)

화산 서봉 정상석

---

1) 고래(古來)의 번체자(繁体字)를 쓰기 쉽게 간략하게 만든 한자. 1950년대부터 중국 본토에서 쓰기 시작했음.

가지인가 보다. 안내원은 우리를 먼저 약 파는 가게로 안내했다. 그 약재상에는 마치 마른 낙엽처럼 혹은 굳은 화석처럼 생긴 한약재들이 진열장 안에 가지런히 진열되어 있었다. 약재 중에는 내 눈에 익숙한 영지(靈芝) 등도 있었다. 우리 일행은 이곳에서 잠시 지체했다.

화산은 참으로 불가사의한 산이다. 지평선이 보이는 끝없이 넓은 산시성(陝西省) 땅에서 어떻게 저렇게 갑자기 높고 기묘하게 솟을 수 있을까 말이다. 표고는 최고봉인 낙안봉(落雁峰)이 해발 2,160m이다.

화산은 또 한번 나를 놀라게 했다. 등산로가 처음부터 정상까지 에누리 없이 바위계단이다. 흙길이 전혀 없다. 바위를 쪼아서 계단 길을 만든 것이다.

한참을 올라가는데 어디선가 아름다운 노랫소리가 들려왔다. 노래가 예사 노래가 아니다. 긴 가락의 민요풍으로 듣기에 좋았다. 조금 있으니 머리가 하얗고 이마에 주름이 잔뜩 진 노인이 긴 막대기 끝에 무엇을 잔뜩 매달고는 양 어깨에 메고 내려오는 것이다. 동행하고 있는 중국 청년에게 물었다.

"저것이 무엇입니까?"

"쓰레기를 나르는 겁니다."

"아니 저걸 왜 노인이 날라. 헬기로 안 나르고."

"정부에서 노인들의 소득을 위하여 일을 시키는 것이지요."

그러니까 그 노인은 힘든 것을 잊기 위하여 노래를 부른 것이다. 우리도 농촌에서 일하며 부른 농요(農謠)가 있었지 않은가. 지금은 다 없어졌지만. 조금 올라가니 또 다른 노인의 노랫소리가 들린다. 배고픈 사람에게 물고기 한 마리를 주면 하루의 양식이 되지만 물고기를 잡는 방법을 가르쳐주면 백날의 양식이 된다는 말이 있는데, 이 방법도 노인의 소득을

화산을 오르내리는 사람들. 맨 앞에 긴 막대기 끝에 쓰레기를 매달고 피리를 불며 내려오는 노인이 있다.

위하여 그런대로 괜찮다는 생각이 들었다.

나는 이 산에 와서 화산이 그저 낭만만 깃든 산이 아니라는 것을 알았다. 이 산은 근대 역사의 아픈 점을 간직하고 있는 산이었다. 그러니까 국공합작(國共合作)[2]이 깨진 후 1949년 이 산에서 공산당과 국민당 간의 최후의 전투가 벌어져 국민당이 패배함으로써 결국 국민당의 대만행이 잉태한 것이다. 이 산 정상 부근에 있는 한 도교사원 경내에는 이 전투의 승리의 주역들의 사진이 걸려 있다.

동행하고 있는 중국 청년이 한 사진을 가리키며 말했다.

"이 사람이 이 화산 전투를 승리로 이끈 영웅이지요. 이름은 '류지야오'라고 합니다."

---

2) 국민당과 공산당의 2차에 걸친 제휴 · 협력체제. 1차 1924~1927, 2차 1937~1946.

"아, 그래요. 그분 이름 좀 여기에 써보시죠."

청년은 내가 가지고 있는 화산 안내지도 위에다 '刘吉尧'(劉吉堯·유길요)라고 똑똑히 썼다.

나는 역시 여행을 통하여 많이 보고 듣고 함으로써 많은 지식을 쌓을 수 있다는 것을 이번에 또 한번 깊이 인식했다.

나는 청년에게 물었다.

"당신은 마오쩌둥(毛澤东)이 이끄는 공산당이 이긴 것이 잘된 일이라고 생각합니까?"

"음……. 우리 할아버지와 아버지는 공산당이 이긴 것을 좋아해요. 특히 할아버지는 매우 잘된 일이라고 생각한답니다."

"그러면 당신은요?"

"음……. 별 생각 없어요."

사실 내 생각으로는 장제스(蔣介石)의 국민당이 패한 것은 우리 한국사람에게는 참으로 통탄할 일이다. 그가 승리하여 중국 천하를 쥐고 있었다면 저 6.25 때의 중공군 압록강 도하(渡河)도 없었을 테고, 그리하여 우리는 통일이 되었을 텐데 말이다. 정말로 컴퓨터 자판을 치워놓고 통곡하고 싶은 심정이다. 내부의 부패가 이렇게 역사를 크게 그르칠 수 있다는 것을 우리는 똑똑히 알아야 할 것이다.

지금으로부터 30년 전도 훨씬 더 된 때의 일이다. 나는 당시 초급장교로서 우리나라의 최전선 주요지점에서 근무하고 있었다. 내가 근무하고 있던 부대는 한미합동으로 부대를 편성하고 있었다.

어느 날 자유중국(당시는 대만을 자유중국이라고 불렀다.)의 투 스타 장군 일행이 우리 부대를 방문했다. 휴게실에서 우연히 그 장군과 같이 있었던 나는 그분에게 질문을 했다. 그때만 해도 나는 혈기왕성했었다.

"장군님, 자유중국 군대가 본토를 상륙하여 본토를 회복할 수 있겠습니까?"

"응, 할 수 있지."

나는 나중에 그 이야기를 우리 부대의 대대장(미군 육군 중령)에게 했다. 그러자 그 대대장 왈

"Never happen."

화산은 매우 아름다운 산이었다. 봉우리가 동·서·남·북·중봉 등 5개가 있다. 그런데 이들 5개 봉우리를 하루에 다 오른다는 것은 여간 건각(健脚)이 아니고는 거의 불가능해 보였다. 필자와 청년은 서봉이 제일 좋다고 하는 가이드의 말에 따라 서봉만 오르고 이내 하산 길에 들었다.

귀로에 어둑어둑해지는 저 창밖을 바라보고 있노라니 벌써 거리의 간판들이 화려한 빛을 내고 있었다.

열차에서 만난 경찰 아줌마

시안(西安)역은 인파로 들끓었다. 중국에 사람이 많다는 게 확실히 실감이 났다. 열차에 올라 자리를 잡고 보니 옆 침대에 웬 중년의 아줌마가 있다. 그 여자의 자리도 하포(下鋪·맨 아래 침대)였다. 얼굴을 보니 예쁜 듯 하면서도 조금 사나워 보였다. 푸른 청바지에 붉은 셔츠를 입은 그 여자는 누운 채로 복도에 서 있는 어느 청년하고 신나게 이야기를 주고받고 있었다.

열차가 출발한 후 나는 창가 상(床) 앞에 앉아 어제의 일을 기록하고 앞으로 갈 곳을 연구하는 등 여행 자료를 챙기고 있었다. 얼마 후 그 여자는 돌아누우면서 나에게 물었다.

"정년퇴직했어요?"

"아니오. 1년간 스터디해요."

"아유 어 티쳐?"

"예스."

"대학?"

"예."

"어디 가요?"

"둔황(敦煌)에 갑니다."

"둔황에 고찰(考察)하러 갑니까?"

"뭘요. 답사 겸 관광으로 가지요."

"실지고사(實地考査)하는군요."

"예."

"비용은 자기 부담입니까?"

이 아줌마, 꼬치꼬치 캐묻는다. 사실 나는 금년이 연구년으로서 월급만 지급받지 다른 활동비는 없다. 그렇지만 전액 자기 부담이라고 대답하기에는 학교 위신도 있고 해서 궁여지책으로 거짓말을 조금 했다.

"학교 부담 30%, 자기 부담 70%지요. 그러나 급여는 전액입니다."

"아, 예……. 나는 란저우(兰州)에 갑니다."

"아, 그래요. 나는 오늘, 옛날에 많은 한국 스님들이 사주지로[3]를 통하여 인도에 다녀왔는데, 그 길을 가는 것입니다."

"둔황(敦煌)에 모까오쿠(莫高窟)가 있지요. 저는 그곳에 3번 다녀왔습니다."

잠시 침묵이 흘렀다. 그 여자는 돌아누웠다. 그런데 얼마 지나지 않아 그 여자는 다시 돌아누우며 물었다.

"점심 먹었습니까?"

"아니요. 아직 안 먹었습니다. 조금 있다가 먹을 것입니다."

잠시 또 침묵이 흘렀다.

---

3) 絲綢之路, 실크로드의 한자(漢字) 표기임.

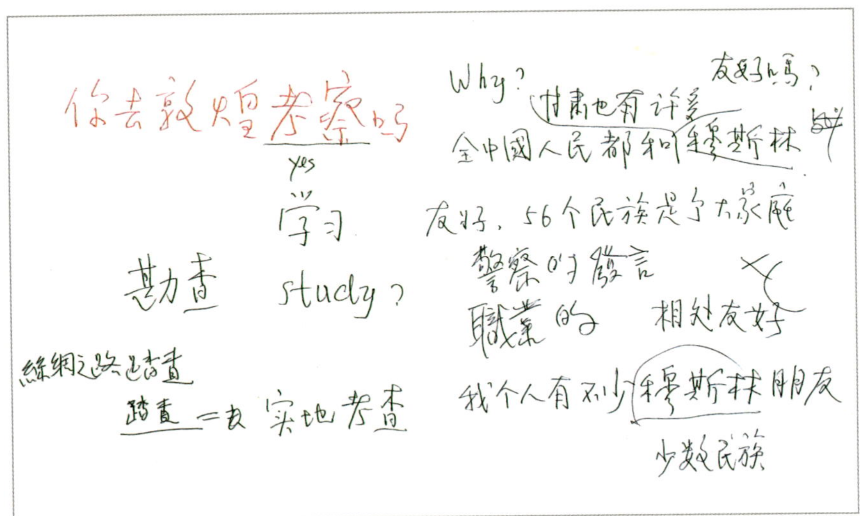

경찰 아줌마와 나눈 필담의 일부. 경찰 아줌마(감옥장관)의 활달한 필체가 보인다.

"점심 먹으러 갑시다. 9호 차량이 식당 칸입니다. 자, 갑시다."

나는 혼자 가는 배낭여행자로서 혼자 식당에서 밥을 먹고 싶었는데, 그 여자의 제의를 거절하는 것이 무례라고 생각되어 같이 가서 점심을 먹었다. 밥값을 내가 내려 하였으나 그 여자는 내가 중국에 온 손님이라고 완강히 말리고서는 자기가 지불하였다.

이국땅에서 낯선 여자에게 밥 대접을 받다니 참으로 묘한 인연이라는 생각이 들었다.

이 여자는 영어를 잘 하지는 못했다. 그러나 다른 중국인에 비하면 매우 잘하는 편이다. 우리는 보조적으로 내 노트를 펴놓고는 필담(筆談)을 했다. 그런데 이 여자는 글씨를 잘 썼다. 필체가 반듯하고 똑똑했다. 그래서 얘기를 계속할만 했다.

식사 후 자리에 돌아와서는 또 이야기를 시작했다.

이번에는 내가 물었다.

"당신의 직업은 무엇입니까?"

"경찰입니다."

"아아, 위대한 인물이군요."

"하하하……."

"경찰은 국가공무원이죠?"

"예. 경찰하고 군인은 국가공무원입니다."

"월급 많죠?"

"한달에 삼천위안입니다."

"아아, 부자군요. 퇴직하면 연금(年金)도 받죠?"

"예. 월급의 90%를 받습니다."

"아아, 철밥통(鐵飯桶)이군요. 국가공무원은."

"하하하……."

나는 우리 한국사회에서 흔히 쓰는 철밥통이라는 용어가 여기 중국에서도 통할 것인지 통하지 아니할 것인지 모르면서도 위와 같이 말했다. 하지만 그 여자는 알아듣고는 박장대소했다. 이번에는 그 여자가 물었다.

"당신은 월급을 얼마나 받습니까?"

갑자기 곤란해졌다. 얼마라고 말해야 할지 몰랐다. 사실 나는 내 급여가 중국 인민폐로 얼마인지 모르고 또 계산하기도 싫었다. 그 여자가 받는 것보다 많다고 말하기도 곤란하고 또 적다고 말하면 대학 체면도 있고 해서 적당히 얼버무렸다.

"당신하고 비슷합니다. 삼천……."

"연금은?"

"사람마다 다른데 월급여의 50%에서 70%까지입니다."

그 여자, 직업이 경찰이라고 했는데 오늘 사복을 입고 있어서 나는 궁금해졌다.

"오늘 휴일입니까?"

"아니요. 시안(西安)에 일이 있어 갖다 오는 길입니다."

"일주일에 며칠 근무합니까?"

"5일 일하고 2일 쉽니다. 3일 쉴 때도 있습니다. 월(月) 20일 근무, 10일 휴식합니다."

"시안 시내를 보니까 흰 모자를 쓴 사람이 가끔 보이는데 그들은 무슬림인가요?"

"예. 시내에 청진사(淸眞寺)라는 사원이 있는데 그것이 무슬림(穆斯林) 사원이지요."

"중국정부에서 승인을 합니까?"

"예. 합법이죠. 신장(新疆)은 위구르족 자치성입니다. 중국에는 무슬림 자치성(省), 주(州), 시(市), 현(縣)이 있습니다."

"시안 시민들이, 보통의 중국 사람들이 무슬림을 좋아합니까?"

"타인의 신앙은 존중되어야 합니다. 무슬림들은 돼지고기를 먹지 않지요. 간수성(甘肅省)엔 무슬림이 많습니다. 전(全) 중국인민은 무슬림과 화해합니다. 중국은 56개 민족으로 대가정(大家庭)을 이루고 있습니다."

"경찰적·직업적 발언이군요."

"나 개인도 적지 않게 무슬림과 소수민족 친구가 있지요. 당신은, 한국 사람들은 무슬림을 어떻게 생각합니까?"

"좋아하지도 않고, 싫어하지도 않고, 무관심한 편이지요."

나는 슬슬 정치적 문제 하나를 들고 나왔다.

"작년인가 재작년인가 한국 신문에서 보았는데, 저 신장성 서쪽 어느 지역에서 위구르인들이 독립을 하셨다고 하는 무슨 투쟁 사태가 벌어져 중국 중앙정부에서 사람을 많이 죽이고 했던데요."

"그들이 동돌공화국(東突共和國)을 세우려고 해요. 그래서 중국정부에서 진압을 했지요."

나는 이것이 정치적으로 민감한 사항이기 때문에 더 이상 질문을 하지 않았다.

역시 이 여자는 경찰이라서 국가 현안에 대하여 아는 것이 많았다. 위구르인들이 세우려고 했던 나라의 이름 같은 것은 웬만한 사람들은 모를 텐데 말이다. 그리고 경찰답게 민족에 대한 균형감각을 가지고 있었다.

또 말하지만 이 여자의 필체는 나를 감탄시켰다. 글씨가 반듯하고 힘차다. 남자 글씨 같다. 경찰이라서 그런가 보다. 아무리 자기네들 글자지만 한자(漢字)를 썩 잘 썼다.

나는 글씨를 반듯하고 똑똑하게 쓰는 사람을 좋아한다. 요즈음 일부의 사람들을 보면 글씨가 잘 알아보지 못할 정도로 괴발개발이다. 특히 숫자는 더욱 가관이다. 사람들이 글자 특히 숫자를 똑똑히 쓰면 좋겠다.

얼마 전 신문을 보니까 미국 경찰당국에서는 숫자를 똑바로 쓰지 않은 경찰을 파면시킨 일이 있었다.

이 여자가 물었다.

"당신 불교도입니까?"

"예."

"나도 불교와 인연이 있습니다.

"서울에 와 보셨습니까?"

"예. 한청(汉城)에 가 보았습니다."

"언제입니까?"

"음……. 2005년 4월입니다."

“어디를 보셨나요?”

“청와대 외면(外面)하고 전쟁박물관하고 또 어디더라.”

“서울의 인상은 어땠습니까?”

“괜찮아요. 단지 글자를 알아볼 수 없었습니다.”

그렇겠지. 서울 거리를 보면 한심하다. 한글이 제일 우수한 글자라고, 한글전용이 애국이라고 하는 열등적 자부심 내지 애국심으로 거리의 간판이나 표지판을 죄다 한글로만 써놓았으니 이웃나라 사람이 알 수 있겠는가 말이다. 사실 국가수로 따지면 영어가 가장 많이 쓰이지만 사람수로 따지면 한자가 가장 많이 사용되고 있다. 이 점 우리 한국 사람들은 간과해서는 안 될 것이다.

“당신 집 한청(汉城)에 있습니까?”

“아니요. 한청 남방 20~25km에 있습니다.”

“학교 이름은 무엇입니까?”

“청운대학교입니다.”

“무슨 과정(課程)을 가르칩니까?”

“호텔경영학입니다.”

“경제학 범주? 범위?”

“경영학은 경제학에서 왔다고 합니다.”

화제를 바꿀 겸해서 이번에는 내가 질문을 시작했다.

“당신은 경찰에서 하는 일이 무엇입니까?”

“감옥장관(監獄長官)입니다. 감옥을 여자 감옥과 남자 감옥으로 분개관리(分開管理)합니다.”

“무슨 종류의 범죄가 많습니까?”

“판독(販毒), 흡독(吸毒), 성범죄 등이 있지요.”

"마약에는 대마초, 아편이 있습니까?"

"헤로인(海洛因)이 있습니다. 제련(堤煉)된 독품(毒品)입니다."

"죄수들은 얼마 동안 감옥에 있습니까?"

"3, 5, 10, 18, 20년 형기(刑期)가 있습니다."

"죄수들은 낮에 무엇을 합니까?"

"노동을 하지요. 봉제, 옷도 만듭니다."

이런저런 얘기를 하다보니까 저녁때가 되었다. 나는 점심에 대한 답례로 저녁식사를 대접하려고 하였으나 란저우(兰州)에 곧 도착하니까 집에서 먹어야 한다며 사양하였다.

대신 아까 이 여자하고 이야기하던 청년하고 식당에 갔다. 그 청년하고 이 경찰 아줌마하고는 전부터 아는 사이인데 그동안 못 만났다가 오늘 열차에서 만난 것이다.

청년의 직업은 공군(空軍)이었다. 영어를 못 했고 그리고 보니 장교는 아닌 듯했다.

이 청년하고 마주 앉아 식사를 하니 참 묘한 생각이 들었다. 만약 한국하고 중국하고 전쟁을 한다면 우리 군은 이 사람들하고 싸워야 하니 말이다.

우리는 필담을 했다. 내가 먼저 말했다.

"옛날에 중국은 한국, 소련, 인도하고 전쟁을 했죠."

"아, 그래요."

"중국 공군 강(强)합니까?"

청년은 중영사전을 한참 들여다보더니 내 노트에 썼다.

"Not strong enough now."

"작년인가 2005년인가 중국에서 우주선(宇宙船)을 발사했죠?"

"예. 선저우(神舟)."

시안 시내 모습

　식사를 마치고 자리로 돌아오니 열차는 란저우역에 거의 도착하려는 참이었다. 먼 거리도 옆 사람하고 대화하면서 오니까 가까운 느낌이다.

　나는 교도소라는 특수한 곳 그리고 경찰사회 등에 대하여 알고 싶은 것이 많아 더 물어보고 싶었지만 그 감옥장관이 목적지에 도착했으니 할 수 없는 일이었다. 그 여자는 나한테 여행 잘하라고 말하고는 많은 사람들 속으로 갔다.

명사산(鳴沙山)에서
무용(無用)의 유용(有用)을 본다

참으로 희한한 일이다. 어떻게 저렇게 순전히 모래로 된 산이 있을 수 있을까. 모래도 예사 모래가 아니다. 아주 고운 금모래다. 여기저기서 모래를 한 움큼 집어서 살펴보아도 새끼손가락만한 자갈 하나 없다. 물론 풀 한포기 없다. 바람이 불면 앞이 안 보일 정도로 모래가 날리고 그 날린 모래는 산에 결을 만든다.

이 산은 아마도 옛날에는 푸대접을 받았을 것이다. '모래, 생각만 해도 지긋지긋한데 그걸로 산을 이루어 통행을 막아, 또 그 쓸데없는 바람은 어떻고……' 하며 산을 원망했을지도 모른다. 그래서 그 산을 쳐다보기도, 생각하기도 싫어했을 것이다. 그야말로 쓸데없는 존재로 여겼을 것이다.

그런데 지금은 어떤가. 그 쓸데없는 산이 많은 돈을 벌어들이고 있지 않은가. 우선 간단히 계산해보자. 입장료가 80위안(元), 덧신 10위안, 낙타타기 60위안, 그리고 모래썰매 10위안이니 관광객 1인으로부터 벌어들이는 돈이 160위안(元)이 된다. 여기에 1일 평균 입장객수를 300명으로 잡으면 48,000위안, 1년이면 17,520,000위안(약 230만 달러)의 수입을 올리고 있는 셈이 된다.

비용이라 해봐야 모래와 바람한테 돈 주는 것도 아니고, 낙타 사료 값하고 약간의 인건비가 전부일 테니 이보다 더 짭짤한 장사가 어디 또 있겠는가 말이다.

나는 이 산을 보면서 무용의 유용이란 말을 실감한다. 소학(小學)에는 '무용필용(無用必用) 인지지용(人智之用)'이란 말이 나온다. 쓸데없는 것도 반드시 쓰임새가 있으니 사람이 머리를 써서 지혜롭게 활용하면 유익하다는 말일게다. 쓸모없어 보이는 모래 산을 이처럼 잘 활용하니, 이 모래 산이 또 하나의 기업이 되는 것이다.

명사산에 오르는 사람들. 낙타를 탄 사람은 중턱까지 갈 수 있으나 정상에 오르려면 낙타에서 내려 걸어야 한다.

그런데 갑자기 직업정신이 발동했다. 이 명사산이 1년에 정확하게 어느 정도의 수입을 올리고 있는지 알아보고 싶어졌다. 그래서 입장료를 파는 곳에 가서 판매원에게 물었다.

"여보세요. 하루에 평균하여 몇 명 정도 옵니까?"

"입장료는 80위안입니다."

아이구 두야. 말이 안 통한다.

옆에 있는 관리자로 보이는 사람에게 또 물었다.

"하루에 평균하여 몇 명 정도의 관광객이 옵니까?"

"입장료는 80위안입니다."

완전히 동문서답이다. 영어가 전혀 통하지 않는다. 나는 노트에다가 "1日平均入場人數?"라고 써서 관리자에게 보이며 필담을 시도해 보았지만 그 관리자는 귀찮다는 듯한 표정을 지을 뿐이었다. 나는 알아보는 것을 포기하고 돌아섰다.

낙타를 타고 가면서 중간 중간 나는 고개를 돌려 뒤에 따라오는 낙타의 얼굴을 웃으며 바라보았다. 그랬더니만 뒤에 오던 그 낙타가 아주 가깝게 따라왔다. 내가 팔을 뻗치자 손이 그의 코에 닿을까 말까했다. 그러자 낙타 주인이 그 낙타를 툭 치며 뭐라고 말했다. 그러자 낙타는 떨어져 갔다. 가까이에서 본 낙타, 참으로 착하게 보였다. 역시 짐승도 자기에게 미소를 보내는 사람을 좋아하는가 보다.

참새가 방앗간 그냥 못 지나치듯 낙타에서 내려 산을 올라 종주를 했다. 명사산의 높이는 서울 남산보다 약간 낮다고 한다.[4] 바람에 모래가 끊임없이 눈에 들어온다. 길은 모래에 덮여 고대 없어진다. 도대체 앞으

---

4) 김대환, 『그래도 우리에게 산이 있기에』, 秀文출판사, 1996, p.248.

로 나아갈 수가 없다.

그 옛날 구법승(求法僧)들이 서역을 갈 때 이랬을 것이다. '길이 없다. 다만 사막을 헤매다 죽은 사람의 뼈를 보고 표적을 삼는다.' 라는 당승(唐僧) 현장의 말[5]을 실감했다.

무슨 소리가 들렸다. 가늘고 청아한 소리였다. 9부 능선을 따라 가는데 어디선가 '닝~ 닝~'하는 가야금 소리가 들렸다. '아니 이 산중에 무슨 음악이!' 나는 깜짝 놀라 뒤돌아보았다. 그러나 아무 일도 없었다.

그 소리를 또 들어보려고 가다가 멈추고 가다가 멈추고 하면서 귀 기울였다. 하지만 허사였다. 단 한번 소리가 들린 것이다.

'그래 명사산 산신이 딱 한번 들려주지 두 번 들려주겠나.' 라고 생각하며 산을 내려왔다.

선인(先人)이 공연히 산 이름을 그렇게 지은 것은 아니었다.

---

5) 이지상, 『실크로드 여행』, 북하우스, 2003, p.24에서 再 인용.

복(福)과 화(禍)는 같이 온다?
– 월아천(月牙泉)

도대체 알 수 없는 일이다. 산 저 쪽엔 물기 하나 없는 모래 언덕 뿐인데 어찌하여 이쪽엔 물이 콸콸 나오고 또 호수가 있냐 말이다. 저쪽에 있는 물을 다 이쪽으로 밀어준 것인가. 이 산이 무슨 로또 복권이라도 되는가.

월아천 지역

복과 화는 같이 온다던데, 이것이 그것인가?

어떤 사람은 신년 인사에 '새해에는 좋은 일만 있기를 바랍니다.' 라고 인사한다. 그런데 그 좋은 일만 있길 바란다는 것은 아무래도 욕심이 좀 과한 것이 아닌가하는 생각이 든다. 세상살이에 어찌 좋은 일만 있기를 바라겠는가.

불교 설화에 이런 것이 있단다. 하루는 어느 집에 어떤 여자가 왔다. 집 주인이 물었다.

"당신은 누구며 무엇 하는 사람이요?"

"나는 공덕천(功德天)인데 사람에게 행복을 배달해 주고 있소."

"아, 그래요. 그러면 들어오시오."

조금 있으니까 또 어떤 여자가 왔다.

집 주인이 또 물었다.

"당신은 누구요?"

"나는 흑암천(黑暗天)이라고 하는데 불행을 배달해 주고 있소."

"안돼요. 나가시오."

"공덕천은 제 언니인데 우리 둘은 항상 같이 다녀야 돼요."

그녀는 언니와 함께 나가버렸다.

월아천(月牙泉) 주변은 매우 아름다웠다. 물이 흐르는 수로가 있고 그 주변엔 잘 자란 나무가 서 있다. 밭엔 채소가 푸르고 과수원도 있다. 사막 한가운데 이런 오아시스가 있다는 것이 신기했다.

화장실에 갔다. 아아, 중국이 변한 것인가. 화장실이 매우 깨끗하다. 예전의 중국이 아니다. 소변기 위에는 다음과 같은 8개의 글자가 쓰여 있다.

"保護設施(보호설시) 人人有責(인인유책)"

월아천 지역에 있는 남자 화장실 소변기 위에 써있는 문구

과연 중국다웠다. 긴 잔소리 안 하고 간략하게, 그러나 깊게 말했다.

우리나라의 어떤 화장실 소변기 위에는 아주 문학적인 글이 게시되어 있다.

"남자가 흘리지 말아야 할 것은 눈물만이 아니다."

일본 아오모리(青森) 인근 모(某) 관광지의 화장실에는 환경보호에 대한 구체적인 방법까지 제시해 놓고 있다.

"이 변기는 재생수를 이용하오니 물을 적당량만 쓰시오. 담배꽁초, 종이, 껌 등을 버리지 마시오."

그렇다. 중국 화장실에 있는 글과 같이 공공시설을 아끼고 깨끗이 쓰는 것에 사람마다 다 책임이 있는 것이다.

문득 이런 말이 생각났다.

"國家興亡(국가흥망) 匹夫有責(필부유책)

국가가 흥하고 망하는 것에는 필부에게도 책임이 있다."

막고굴(莫高窟) 유감(有感)

'돈황[6]의 막고굴' '혜초의 왕오천축국전'은 우리 한국 사람들의 귀에 매우 익숙한 단어들이다. 나도 그러니까 60년대 초 고등학교 시절인가 중학교 시절인가 학교에서 많이 듣고 배웠다.

그런데 당시 나는 한국 사람들이 그 막고굴에는 절대로 못 가볼 것으로 생각했었다. 왜냐하면 당시는 중국(중공이라 불렀음)과 싸운지 얼마 되지 않아 원수 사이인데다가 중국도 죽의 장막을 굳게 치고 있었기 때문이다.

상전벽해(桑田碧海)라던가. 세상은 바뀌어 이제 한국 사람들이 자유롭게 그곳을 다녀올 수 있는 시대가 된 것이다.

막고굴 박물관에는 우리의 자랑스러운 혜초 스님이 쓴 『왕오천축국전』이 전시되어 있었다. 원본은 프랑스 박물관에 보관되어 있다는 설명도 곁들여 있다. 나는 이것을 보고 매우 씁쓸한 감정을 억누를 수 없었다. 나쁜

---

6) 예전에는 '敦煌'을 한국식 음(音)에 따라 '돈황'이라 표기하였음.

만이 아닐 것이다. 한국 사람이면 다 나랑 같은 심정일 것이다. 이유야 어떻든 우리 조상이 쓴 책이 남의 나라에 있다는 것은 그다지 유쾌하지 못한 일이다.

혜초 스님의 국적도 그렇다. 중국 문헌은 혜초 스님을 당나라 스님이라고 적고 있다. 내 연구실 서가에 꽂혀 있는 중국에서 발간한『왕오천축국전전석(往五天竺國傳箋釋)』의 전언(前言)에는 혜초를 '신라 출신인 것 같은데 확실치 않다.' 라고 기술하고 있다. 심지어 그 책에는 혜초의 중국 출생 가능성도 언급하고 있다.[7] 그러니 매우 속이 상한다.

내 생각으로는 이렇다. 『왕오천축국전』을 돌려받는 것은 불가능하다. 프랑스 정부가 '페리오가 왕원록(王圓籙)으로부터 산 것이오.'[8] 라고 하면 우리는 할 말이 없어진다. 그러나 혜초 스님의 국적은 되찾아야 한다. 혜초 스님은 엄연히 우리나라 스님이다. 따라서 중국 문헌에 혜초 스님의 국적이 '신라 출신 당나라 스님' 으로부터 '한국 고대 신라 스님' 으로 바뀌어지도록 한국의 학계와 정부는 온갖 노력을 기울여야 한다.

막고굴의 벽화는 현재에 와서도 많은 것을 암시하고 있었다. 나는 이야기 복(福)이 있는가 보다. 감옥장관이 내린 후 같은 열차에서 장시성(江西省)에 있는 경덕진도자학원(景德鎭陶瓷學院)에 재학 중인 여대생을 만났다. 그 학생의 성(姓)은 주(朱)였다.

---

7) 〔唐〕慧超 原著 張毅 箋釋, 往五天竺國傳箋釋, 中華書局, 1994, p.2.

8) 1900년 경 막고굴 절 주지 왕원록(별칭 왕도사)은 이 굴에서 많은 고문서를 발견했다. 왕도사는 중국 칭나라 정부에 이 사실을 보고했다. 청 정부는 잘 보관하라고 명할 뿐 아무 조치도 취하지 않았다. 이것이 영국의 동양학자 스타인에게 알려졌다. 그러자 그는 그곳으로 달려가 왕도사를 꾀어 헐값으로 고문서를 사서 24개의 박스에 넣어가지고 돌아갔다. 이 소식을 듣고 중국문헌과 한문에 정통한 프랑스의 페리오는 돈황으로 달려가 역시 왕도사를 달래어 나머지 문헌을 입수해 갔다. 그 중에 왕오천축국전이 있었던 것이다(이종익, 한국의 인간상 제3권 혜초 편, 신구문화사, 1966, pp.108~109.).

일반인에게 공개되지 않은 막고굴 전경

"어디 가나요?"

"둔황(敦煌)에 갑니다."

"둔황에 가서 뭐해?"

"우리학과 단체여행을 가지요. 모까오쿠(莫高窟)를 방문할 겁니다."

"무슨 학과인데?"

"디자인학과인데 모까오쿠의 벽화를 보고 디자인의 아이디어를 얻기
위한 것입니다."

"보고 오면 레포트 써야겠네."

"예. 써야죠."

"저녁에 술 안 마셔? 숙소가 시끌벅적하겠네."

"아니요. 안 마셔요. 마시는 사람도 있어요."

"그런데 주양은 중국에서 태어난 것을 행복하게 생각해?"

"물론이죠. 행복하죠."

"뭐가 행복해?"

"나라가 크고 강하고 해서요."

"나라가 크고 강한 게 뭐가 좋아?"

"다른 나라가 쳐들어오지 못하잖아요."

"음……. 그렇지."

나라가 크고 강하고, 그러니까 부국강병(富國强兵), 그래서 난리가 없고 국민 모두가 편안하고 안정되게 사는 것, 그것이 국민 행복의 기본이 아닌가 하는 생각이 들었다.

막고굴 관리소는 막고굴 관광객에게 강제적으로 관리소 소속의 가이드를 붙이고 있다. 왜냐하면 굴이 많아서 어느 굴에 들어가야 할지 처음 온 관광객은 알 수가 없고 또 설명이 없이는 제대로 관광이 되지 않기 때문이다.

한국어가 가능한 가이드도 있다. 물론 조선족 출신이라고 한다. 그 가이드는 요즈음 한국관광객이 많아짐에 따라 바쁘다고 한다. 내가 가이드를 요청했을 때도 그는 바빠서 올 수가 없었다. 이대로 가다간 관리소 측은 또 한 사람의 조선족 출신 가이드를 뽑아야 할 상황이다.

우리의 경제력이 커짐에 따라 조선족의 일자리가 늘어난다. 수년 전 중국 남부 지방을 갔을 때도 다수의 조선족 출신이 우리 한국인이 많이 오는 관광지에 고용되어 있는 것을 보았다. 같은 피를 가진 사람으로서 기쁘기 한량없다.

아침에 둔황역에 도착해서는 시내로 가기 위하여 미니버스를 탔다. 버스는 어디론가 가더니만 막고굴 앞에서 섰다. 그곳에서 턱수염이 긴 어떤 중년의 서양 남자가 탔다. 나는 버스를 탈 때 이 버스가 둔황 시내를 가는지

안 가는지 확실치 않았다. 차장의 말은 간다는 것 같은데 시원치 않았다.

내가 먼저 말을 걸었다.

"어느 나라에서 왔습니까?"

"독일에서 왔습니다."

나는 그가 나와 같은 배낭여행객인줄 알고 물었다.

"이 버스 둔황 시내 갑니까?"

그러자 그 독일인은 버스기사와 중국말로 뭐라고 했다. 그러니까 중국말을 좀 하는 모양이었다.

"예. 갑니다."

"둔황에 온지 얼마나 됐습니까?"

"3개월째 있는 것입니다."

"3개월이나요. 무언가 연구하십니까?"

"내가 연구하는 게 아니고, 내 친구 연구하는 것을 도와주는 겁니다."

"무얼 도와주십니까?"

"밥도 하고, 빨래도 하고, 심부름도 하고……."

아아, 독일인의 연구심 그리고 우정이 놀라웠다.

사막의 꽃 투루판(吐魯番)

도시가 참 예쁘다. 『요놈 요놈 요 이쁜놈!』이라고 하는 천상병 시인의 시집[9] 제목이 생각났다. 버스터미널과 그 앞 시장을 중심으로 하여 옹기종기 모여 산다. 사람들 얼굴도 참 밝다. 바쁘게 굴지 않고 너그럽고 편안한 모습이다.

아침에 투루판빈관에 도착하여 객실 요금을 물으니 매우 비쌌다. 둔황에서 만나 같이 온 독일인 중년부부도 값이 비싸서 이곳에서는 못 묵겠다는 것이다.

"자오퉁빈관(交通宾馆)으로 갑시다. 그곳이 좋다고 한국책에 나와 있습니다."

투루판빈관에서 묵는 것을 포기하고 밖으로 나왔다. 배가 많이 나온 네덜란드에서 왔다는 중년의 남자도 같이 따라 붙었다.

---

9) 천상병, 『요놈 요놈 요 이쁜놈!』, 도서출판 답게, 1996.

시내 중심가에서 악기를 연주하며 구걸하는 노인

'어느 방향으로 가야 자오퉁빈관을 만나게 된단 말인가.' 라고 생각하며 호텔 앞 거리를 걸었다.

지나가는 사람에게 물었다.

"자오퉁빈관이 어디에 있습니까?"

"이잉……."

내 말이 무슨 말인지 못 알아듣겠다는 식으로 팔을 내젓는다. 이어서 몇 사람에게 물어봤지만 답은 마찬가지였다.

마침 젊은 부부가 유모차에 아기를 태우고 밀고 간다.

"자오퉁빈관에 가려면 어디로 가야 합니까?"

그 젊은 부부는 손을 앞으로 내밀며 방향을 알려주었다. 그리고서는 우리를 계속 따라왔다. 조금 가다가 뒤돌아보자 그 부부는 계속 가라는 식으로 손짓을 했다.

이윽고 자오퉁빈관 앞에 이르자 그 부부는 웃으며 돌아서 오던 길로 갔다. 아이구 이렇게 고마울 수야!

숙소 앞 시장에는 먹을 것도 많았다. 낭, 시시케밥[10], 커보저, 미엔피, 웹갸이슙, 파인애플, 수박 등등. 값도 싸다. 특히 매콤짭짤한 조미료를 얹어주는 시시케밥은 천하일미이다.

---

10) 양고기 꼬치구이

밤에는 숙소 뒤 공터에 야시장이 펼쳐졌다. 그곳에서 시시케밥 굽는 구수한 냄새와 연기가 온 장에 가득하다. 이 글을 쓰고 있는 이 순간, 그곳을 회상하니 입속에 침이 고인다. 꿀꺽.

숙소에서 옆으로 약간 떨어진 길가 상점 스피커는 연실 소리를 내었다. "어시위안(이십위안)" "어시위안" "어시위안"…….

숙소에서 얼마 걷지 않는 길 모서리에는 패스트푸드점이 있다. 미국의 맥도날드점 같이 깨끗하고 분위기 좋으며 종업원도 매우 친절하다. 나는 하루에 한번씩은 이곳에 들려 햄버거로 입맛을 달랬다. 가끔씩 테이크 아웃도 하니 여간 편리한 게 아니었다.

시간이 허락한다면 이곳에서 몇 주간 머무르고 싶다. 만일 내가 중국에서 살게 된다면 나는 이곳을 택하고 싶다.

시장 안 허름한 식당에서 주인이 시시케밥을 굽고 있다.

인지상정(人之常情)이라더니 어떤 50대 말쯤 되는 일본인 남자도 투루판이 좋아 1년에 4번 이곳에 온다고 프리랜서로 일본어 가이드를 하고 있는 한 젊은 위구르족 청년이 일러주었다. 그 일본인은 홀아비인데 이곳에 오면 마음이 매우 편해진다고 말한다는 것이다.

그 말을 듣고 나는 그 위구르족 청년에게 말했다.

"홀아비? 그러면 예쁜 위구르 홀어미 하나 소개시켜주지 그래."

"아이구. 그 사람 늙은이인데요 뭘."

"아니야. 50대 말(末)이면 젊은 거야."

"음……."

둔황에서 만나 같이 온 중년의 독일인 부부와 함께 투루판빈관 옆 존스 인포메이션 카페에서 늦은 아침을 같이 먹으며 대화를 나누었다.

독일인 남자가 물었다.

"뭐하세요? 정년퇴임했습니까?"

"아니요. 아직 안했습니다. 선생을 합니다. 당신의 직업은 무엇입니까?"

"우리 부부 다 교사입니다. 장애인 학교 선생입니다."

"자녀는 어떻게 하고 이렇게 여행을 합니까?"

"아이가 없습니다. 학교 아이들이 다 제 자식입니다."

"그러면 학교는 어떻게 하고 여행을 합니까?"

"금년이 쉬는 해입니다. 4년마다 1년씩 쉽니다."

"그러면 급여는? 여행경비는 어떻게 충당합니까?"

"금년에 75%를 받습니다. 그러니까 3년 동안 매년 급여를 75%만 받고 25%를 적립했다가 4년차에 그것을 받는 것입니다."

"아, 그렇군요."

이들 부부의 사는 모습이 신기했다. 자녀를 두지 않았고 대신 몸담고 있는 학교의 학생들을 다 자기 자식이라고 생각하는 그 사고(思考)가 기특했다.

나는 또 물었다.

"집이 어디입니까?"

"집이 없습니다."

"예? 집이 없다고요? 그러면 가구며 냉장고며 하는 세간살이는 어디에다 둡니까?"

"창고에 있습니다. 집세가 비싸서 집을 비우고 세간살이를 창고에 넣어두었습니다."

점입가경이었다. 자녀가 없고 집도 없고, 이들 독일인 부부의 사는 모습이 더욱 신기하고 희한했다.

그래서 나는 또 물었다.

"그러면 어떻게 삽니까?"

"여행을 합니다. 작년 6월부터 쉬는 해라서 여행을 하고 있습니다. 남태평양, 호주, 싱가포르, 인도, 태국, 라오스, 캄보디아, 베트남을 거쳐 이곳 중국에 왔습니다. 라오스에 있을 때 배낭여행을 하고 있는 한국 여성을 만났습니다."

"중국 다음에는 어디를 갈 계획입니까?"

"카자흐스탄과 우즈베키스탄에 가서 좀 있다가 러시아를 거쳐 독일로 가려고 합니다. 7월부터는 근무해야 합니다."

"나도 키르키스스탄에 가려고 대사관에 비자문의 하니까 현지인의 초청장을 가져와야 한답니다. 그래서 이번에 포기했습니다. 키르키스스탄에 아는 사람이 하나도 없는데 내가 어떻게 현지인의 초청장을 받을 수 있겠습니까?"

“카자흐스탄 비자는 우루무치에서 받으면 편리할 것입니다.”

“비자 받을 자신이 없어요.”

“나는 중앙아시아의 이슬람국가를 별로 좋아하지 않습니다. 그들은 지나치게 전통을 고집하고 과거에만 매달려 있습니다.”

“내가 보기에도 그런 것 같습니다.”

이슬람 얘기를 해서 그런지 독일인이 갑자기 나의 종교를 물었다.

“당신의 종교는 무엇입니까?”

“불교입니다.”

“유럽에서 불교의 인기가 높습니다. 기독교에서는 천지를 신이 창조했다고 하는데 사람들이 아무도 그 말을 믿지 않습니다. 차라리 불교처럼 모른다고 말하는 게 더 좋다고 합니다.”

“장기간 여행을 하고 있는데, 피곤하지 않습니까?”

“괜찮아요. 힘들지 않습니다.”

이들 부부의 모습을 보니까 여행이 그리 힘들지 않게 생겼다. 남편과 부인 모두 체격이 크고 힘세 보였다. 특히 부인은 남편보다 더 튼튼해 보였다. 이들이 배낭을 메고 있는 것을 뒤에서 보았는데 키가 똑같았다.

우리는 식사를 마치고 함께 인터넷 피시방을 찾기 시작했다.

투루판에는 대학이 하나 있다. 정년퇴직하면 이곳 대학에 한국어 과정 하나 개설해서 이곳에서 한번 살아볼까 하는 생각도 해본다. 그런데 옆에서 무슨 소리가 들리는 듯하다.

“아이구, 꿈 깨세요.”

한 위구르 청년의 종교관

시안과 둔황에서 본 사람들은 대부분 어디서 많이 본 듯한 얼굴들이다.

그러나 이곳 투루판 사람들은 생소하다. 눈이 약간 들어갔고 볼이 좀 튀어나온듯하며 콧날이 오뚝하다. 눈이 약간 파란 사람도 있다. 어떤 사람은 좀 사납게 보인다.

복장도 그렇다. 대부분의 남자들은 모자를 썼고 여자들은 머리 위에 스카프를 둘렀다. 어떤 나이 먹은 아줌마는 털로 짠 것 같은 감색 빛나는 천으로 얼굴 전체를 가리고 있었다.

나는 이들이 위구르족이라는 것을, 자기도 위구르족이라고 하는, 어떤 젊은 청년의 설명을 듣고 알았다. 성이 '후' 인 그 청년은 영어를 매우 능통하게 구사했다. 직장은 여행사라고 했다.

"투루판 시민의 70%가 위구르인이고 30%가 한족(漢族)입니다."

"그러면, 서로 안 싸우나요?"

"안 싸웁니다. 매우 친하게 지냅니다. 다 같은 중국인이니까요"

"당신은 중국에서 태어난 것을 행복하게 생각합니까?"

"물론이죠. 예."

"이유는 뭡니까?"

"큰 나라이고 강한 나라라서 우리를 잘 지켜주니까요."

"위구르족에 무슬림이 많지요?"

"예. 위구르족은 다 무슬림입니다. 위구르족이라면 어린이도 무슬림이 되어야 합니다."

"그런데, 요즘 아이들은 자유분방하지 않습니까? 신세대라는 말도 있는데, 아이가 자기는 무슬림이 안되겠다고 하면 어떻게 합니까?"

"그런 일은 절대 없습니다. 생각할 수 없는 일입니다."

나는 평소 무슬림에 대하여 많은 호기심을 갖고 있었기 때문에 계속 물었다.

"무슬림이 뭐가 좋습니까?"

밝게 미소 짓고 있는 위구르족 소년 (투루판에서)

"무슬림이면 좋은 사람이라서 천당에 가고 무슬림이 아니면 나쁜 사람이라서 지옥에 갑니다."

"그러면 모든 사람이 다 무슬림이 되어 모두 천당에 가면 천당이 매우 복잡해져서 문제가 발생하지 않겠습니까?"

"(웃음) 천당은 매우 크고 넓어서 노 프로블럼입니다."

"무슬림과 결혼하려면 어떻게 해야 합니까?"

"반드시 무슬림으로 개종(改宗)해야 합니다."

"안 한다면?"

"무슬림은 반드시 무슬림하고 결혼합니다."

내 호기심은 계속 발동했다. 그 청년은 짜증내거나 노여워하는 기색이 전혀 없었다.

"그러면 가정을 하나 해 봅시다.

여기 A라는 처녀가 있습니다. 그녀는 매우 예쁘고 건강합니다. 교양 있고 착하며 요리도 잘 합니다. 그런데 무슬림은 아니며 개종도 하지 않겠다고 합니다.

이번에는 B라는 처녀가 있습니다. 얼굴은 추하고 몸도 약합니다. 교양 없고 성격도 나쁘며 요리도 잘 못합니다. 그런데 그 여자는 무슬림입니다.

자, 후 씨, 당신이 결혼을 한다면 이 두 처녀 중 어느 쪽을 택하겠습니까?"

"B를 선택하겠습니다."

"이유는 뭡니까?"

"죽으면 신(神)이 묻습니다. 생전에 무슬림이었느냐 아니었느냐고."

"그걸 어떻게 압니까?"

"나는 압니다."

"무슬림들은 한족에게 개종하라고 권유하지는 않습니까?"

"억지로 이슬람교를 믿으라고는 하지는 않습니다. 무슬림이 아니더라도 좋은 일을 하면 좋은 곳에 간다고 나는 믿습니다. 아까 얘기한 천당과 지옥은 무슬림을 위한 곳입니다. 불교나 기독교에서는 또 다른 세계(another world)가 있다고 믿습니다."

"당신은 모든 종교 중에서 이슬람교가 제일 좋은 종교라고 생각합니까?"

"음……. 글쎄요. 꼭 그렇게는……."

"그러면 다른 무슬림은 어떻게 생각할까요?"

이와 같은 질문에 그는 좀 어색해하며 작은 목소리로 대답했다.

"아마 제일 좋은 것이라고 생각할 겁니다."

관광전문가의 꿈을
키우고 있는 레 양(孃)

위구르족에 대하여 내가 이것저것 묻는 것을 언제 보아 왔는지 한 호텔 직원이 2층 계단에서 마침 호텔 계단을 오르던 20대로 보이는 한 처자(處子)를 나에게 소개시켜주었다.

"이 여자가 영어도 잘하고 위구르족에 대하여 많이 아니까 궁금한 것은 이 여자에게 질문하시오."

"예. 고맙습니다."

그 여자는 자기는 이름이 '레'이며 위구르족이고 이 여행사에 근무하고 있다고 했다. 그러면서 궁금한 것이 있으면 물으란다. 참 고마운 사람이다. 그래서 나는 그 여자에게 물었다.

"여기에 있는 위구르족들을 보면 남자는 모자를 쓰고 있고 여인들은 다 스카프를 쓰고 있는데, 그건 왜 쓰는 것입니까?"

"그것이 여기 문화입니다."

"코란에 쓰라고 나와 있습니까?"

"예."

"그러면 코란 좀 봅시다. 어디에 몇 페이지에 그런 말이 나와 있는지 보고 싶군요."

"여기에 없습니다. 집에 있습니다."

"왜 없습니까?"

"회사까지 가지고 오지 않게 되어 있습니다. 회사에는 여러 종교인이 있기 때문입니다. 그러나 집에 있을 때는 하루에 다섯 번 기도합니다."

"다섯 번이나! 귀찮지 않습니까?"

"직장인은 그렇게 하지 못합니다. 직장 내에서는 할 수 없고 또 못하게 되어 있습니다. 대신 집에서 아침에 합니다. 우리는 술을 금합니다. 당신은 무슨 종교를 믿습니까? 크리스트교입니까?"

"아니요. 불교입니다. 불교는 무엇을 하지 말라고 강하게 금(禁)하는 것은 없습니다. 그냥 '지나치게 해서는 안 된다.' 라고 하는 정도입니다. 저 술도 잘 마십니다. 또 불교는 그렇게 매일 의무적으로 기도하라고 강요하지도 않습니다."

그러자 레 양은 약간 놀라는 표정을 지으며

"(침묵)……."

레 양(孃)은 영어를 썩 잘 했다. 내가 지금까지 만나 본 중국인 중에서는 제일 잘 하는 편이었다.

"레 양, 영어를 매우 잘 하는데 어디서 배웠습니까?"

"베이징에서 전문어학원을 다녔습니다. IELTS[11]를 패스했습니다."

---

11) International English Language Testing System

고창고성

타클라마칸 사막의 유전지대

"아, 그랬군요. 축하합니다. (박수)짝짝짝"

"IELTS에는 말하기, 쓰기, 듣기 그리고 읽기가 있습니다. 저는 이들 4개 부문에 골고루 높은 점수를 받았습니다."

"아아, 상당히 실력이 좋군요. (또 박수) 짝짝짝."

나는 질문을 계속 했다.

"그런데, 레 양, 아까 버스터미널에서 보니까 여러 명의 경찰이 어떤 한 사람을 에워싸고서는 무언가 책 같은 것을 책장을 넘기면서 조사하고 있던데, 왜 그러는 것입니까?"

"아마도 종교서적을 검사하는 것일 겁니다."

"아니, 왜요?"

"중국에서는 선교활동이 금지되어 있습니다. 다만 '우리 종교는 이렇습니다.' 라고 하는 정도의 소개는 괜찮지만, '우리 종교를 믿으시오.' 라고 하는 선교활동은 금지되어 있습니다."

"아, 그렇군요. 부모가 무슬림인데 자녀가 무슬림이 되지 않겠다고 하면 어떻게 합니까?"

"그런 일은 없습니다. 무슬림의 자녀는 자동적으로 무슬림이 됩니다."

"무슬림은 무슬림끼리 결혼한다면서요."

"예. 한쪽이 무슬림이 아니면 무슬림으로 개종해야 합니다."

"그러면 가정을 하나 해 봅시다.

여기 A라는 총각이 있습니다. 그 총각은 잘 생긴 미남인데다가 키도 크고 교양 있습니다. 좋은 학교를 나왔고 현재 매우 번창하는 직장에 다니고 있는 장래가 촉망되는 총각입니다. 가정환경도 좋습니다. 그러나 이 총각은 무슬림이 아니며 무슬림으로 개종할 생각도 없다고 합니다.

이번에는 B라는 총각이 있습니다. 키가 작고 못 생긴데다가 교양도 없습니다. 학벌은 물론 없고 변변한 직장도 없습니다. 가정형편도 나쁩니다. 그런데 그 총각은 무슬림입니다.

자, 레 양, 당신이 결혼을 한다면 이 두 총각 중 어느 쪽을 택하겠습니까?”

“꼭 택해야 합니까?”

“예.”

“B를 택하겠습니다.”

“아니? A가 돈도 잘 벌고 미남이고, 좋은데…….”

“돈이 다가 아니잖습니까?”

“알겠소.”

나는 레 양의 장래 포부에 대하여 물어보았다.

“레 양, 앞으로의 포부랄까 계획은?”

“앞으로 공부를 더해서 관광업계에서 클 것입니다.”

“그렇지, 세상을 보면 여성들이 많은 활약을 하고 있지요. 레 양도 열심히 해서 관광업계에서 성공하기 바랍니다.”

“제가 한국에 가면 취업할 수 있겠습니까?”

“물론 할 수 있죠. 단 한국어를 좀 할 줄 알아야 합니다.”

“내년 쯤 해서 유학가려고 합니다.”

“어느 나라로?”

“영국 런던으로요.”

“공부 잘 하고 와서 업계에서 성공하기 바랍니다. 영어 이외에 한국어나 일본어 공부를 해두면 매우 유리할 것입니다. 앞으로 한국 사람들이 이곳 투루판에 많이 올 테니까요. 한국엔 지금 실크로드 바람이 불고 있죠.”

“감사합니다.”

예쁜 레 양의 눈동자는 반짝반짝 빛나고 있었다.

화염산(火焰山)은 불타고 있는가?

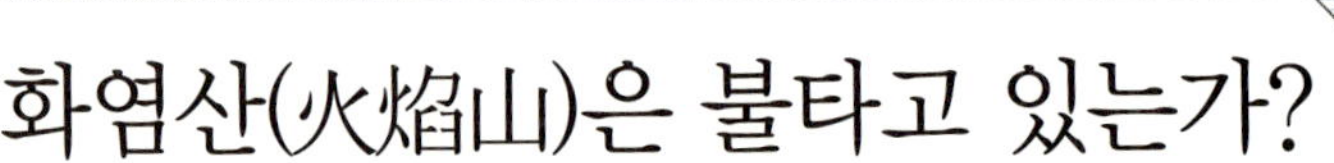

얼마 전 보도를 보니 미국의 과학자가 중국의 한 연못에서 나온 500년 된 연꽃 씨를 발아시켜 꽃을 피우는 데 성공하였다고 한다. 그러니까 이 사실을 바꾸어 말하면 오늘 꽃이 핀 것은 이미 500년 전에 꽃이 피도록 잉태된 것이라고 말할 수 있겠다.

내가 투루판에 온 것은 순전히 화염산을 보기 위해서이다. 지난 1960년대 초반 고교시절, 학교에서 단체로 관람한 영화 '서유기'에서 본 그 산을 실제로 보기 위해서이다.

그 영화는 지금도 내 머릿속에 생생하다. 손오공 역으로는 김희갑 씨였고, 저팔개 역은 양훈 씨가 했다. 삼장법사 역은 누가 했는지 기억이 안 나고 가수 양미란 씨도 출연한 것으로 희미하게 기억나는데 확실치 않다.

영화 스토리가 매우 흥미진진했다. 삼장법사 일행이 서역을 가는데 중간에 도깨비 같이 생긴 사람들도 만나고 땅 속에 굴을 파서 사는 사람들도 만나고 하는 등 매우 재미있었다.

만난(萬難)을 무릅쓰고 계속 서역으로 향하던 삼장법사 일행은 앞에 시 뻘건 불을 뿜고 있는 산을 만나게 된다. 그 뜨거운 열기로 인하여 법사 일행의 얼굴은 벌겋게 달아오르고 환해진다.

이렇게 재미있었던 영화, 나는 또 보고 싶다.

그 화염산을 오늘 내가 간다. 오늘 가는 나의 이 화염산 발길은 이미 45년 전에 잉태한 것일 게다. 심리학에서는 인간 행동의 원인은 상당 부분이 전에 형성되었던 잠재의식의 발로(發露)라고 한다.

화염산을 향하여 달렸다. 관광 시즌이 아니라서 혼자 달렸다. 시내를 벗어나니 주위는 모래와 자갈로 덮인 황무지다. 그런데 저 멀리 유전(油田)의 불꽃이 보였다. 이 땅, 겉은 못 쓰는 돌밭이지만 속에는 검은 황금이 들어 있는 것이었다. 그래서 나는 생각했다. '저러니 중국 정부에서

화염산을 바라보며 가고 있는 삼장법사 일행의 모습이 화염산 뒤 천불동 입구에 재현되어 있다.

이 땅 서역을 포기할 수 있겠는가.' 라고.

　얼마 전, 미국 CIA에서 조사한 바에 의하면 세계에서 석유 매장량이 가
장 많은 나라는 중국이라고 한다. 그 조사 결과를 뒷받침이나 하듯 세계
에서 제일 큰 유전이 최근에 신장성에서 발견됐다고 한다. 이래저래 중국
은 이 지역을 꽉 붙들고 있을 것이다.

　이야기가 옆으로 샜다. 기대가 크면 실망도 크다고 했던가. 화염산은
내 기대만큼은 불타오르지 않았다. 산이 진한 황색에 기온은 37~8도 정
도였다.

　산을 보자마자 또 산등벽(山登癖)이 도졌다. 타고 가라며 따라오는 위구
르 아줌마의 당나귀차를 거절하고 산 입구까지 뛰다시피 걸었다. 원래 등
산로 입구 코앞까지 차를 몰고 오는 사람들을 나는 별로 좋아하지 않는다.

화염산 전경.

화염산 줄기의 산들. 나무는커녕 풀 한포기조차 없어 황량하기 그지없다.

산에는 나무는커녕 풀 한포기 없다. 그야말로 돌과 바위만 있는 황무지 산이다. 흙은 연탄재처럼 찰기가 전혀 없어 밟으면 푸석푸석하다. 어떤 곳은 흙이 무너져 내려 내 몸도 밑으로 미끄러진다.

저 지평선 멀리 보이는 곳도 사정은 비슷해 보였다.

이걸 보니 우리나라 산이 얼마나 아름답고 예쁜지 모르겠다. 아마 우리나라 땅을 이곳 신장성으로 옮겨 놓으면 국립공원이 될 것이다.

그런데 우리는 지금 어떠한가. 그 아름다운 산을 함부로 깎아내고 자르고 있지 않은가. 나무와 풀이 그렇게 잘 자라주어 고마운 줄 모르고 함부로 베어내고 꺾고 있다. 참으로 마음 아픈 일이다.

전에 조선일보 이규태 코너에서 읽은 글이 생각난다. 그 글은 이러했다. '이스라엘은 사막에 나무 한 그루 풀 한 포기 키우기 위해 멀리서 물을 끌어오고 거름을 주고 하는 등 다독거리는데 우리나라는 잘 크는 나무

를 툭하면 베어버린다.'

큰 나무 하나가 네 사람이 마실 산소를 만들어내고 있다는데, 수도권에는 사람들이 모여드는데다가 개발인가 뭔가 해서 나무를 자꾸 베어 버리니 나중에 서울 사람들은 어떻게 숨을 쉬고 살는지 모르겠다.

산을 깎아서 만드는 여러 종류의 레저 시설을 나는 매우 싫어한다. 그래서 그러한 시설을 즐기는 사람과는 같이 밥을 먹고 싶지 않다.

나는 기차를 타고 오면서 보았다. 중국이 철로 가에 나무를 심어놓고는 그것을 키우기 위하여 무진장 애쓰는 모습을.

산에는 아무도 없었다. 저 멀리 조금 전에 달려왔던 당나귀차 주인하고 말 태우는 장사를 하는 듯한 사람 몇 명이 개미처럼 보일 뿐이다.

정말 이런 곳에서 다치거나 계곡 밑으로 추락하면 영락없이 죽을 판이다. 또 이상한 놈들을 만나면 야단이다. 돈 뺏기고 여권 뺏기고 잘 못하면 목숨도…….

마음을 단단히 먹고, 폭염에 흐르는 땀을 삼켜가며 오르니 정상이다. 정상에서 보니 저 멀리 지평선이 아득하다.

땀 닦을 사이 없이 이내 하산했다. 하산하면서 저 쪽 산 밑에 있는 사람들의 동태를 살폈다.

한 녀석이 오토바이인가 뭔가를 타고 달려온다. '저 놈이 뭐 하러 오는 거야?' 라고 의심을 품으며 하산 방향을 틀었다. 산을 다 내려오자 그 녀석은 오토바이를 몰고 오며 소리쳤다.

"시위안(십위안), 시위안."

나는 팔을 흔들며 싫다고 말하면서 화염산 입구 매표소를 향하여 부지런히 걸었다.

"우위안(오위안), 우위안."

위구르인으로 보이는 그 청년은 얼마간 따라오더니만 되돌아갔다.

호텔에 돌아와 여행사로 올라가 레 양을 만났다.

"레 양, 산이 불타는 것처럼 시뻘겋고 온도도 7~80도로 매우 높다고 들었는데, 오늘 보니까 그렇게 벌겋지 않고, 온도도 그다지 높지 않던 데……."

"요즘은 좀 그래요. 그러나 더운 7~8월에는 산이 정말 불타는 것처럼 시뻘겋지요. 온도도 7~80도 나가고요."

"그래, 7~8월에 와야 그걸 볼 수 있어. 그러면, 훠옌산(火焰山) 보러 또 와야겠네."

방에 돌아와 오늘 일을 생각하며 후회를 했다. '오토바이를 좀 타 줄걸. 돈 몇 푼 벌겠다고 그렇게 따라왔는데. 내가 매우 인색하게 굴었어.'라고.

하지만 솔직히 말해서 나는 돈 몇 푼 아끼려고 그 차들을 타지 않은 것은 아니다. 나의 무쇠같은 다리를 움직여 이마에 땀을 굴리고 겨드랑이를 적시며 산 입구까지 걷고 싶었기 때문이다. 그래야만 산에 올라가는 기분이 돋우어진다.

땀투성이가 된 옷을 빨아 널었더니 금방 말랐다. 역시 건조한 지역이다.

훼손된 불교 벽화(壁畵)

천불동(千佛洞)으로 향했다. 천불동은 둔황에만 있는 것이 아니었다. 이곳 투루판 시 부근 베제크리크(柏孜克里克)에도 있었다. 그러니까 화염산 넘어 강 위 절벽에 있다.

내가 이곳을 방문했을 때는 관람객이 거의 없었다. 있어 봐야 3~4명 정도였다. 그래서인지 관리인들은 의자에 모여 앉아 놀고 있었다.

벽화는 듣던 대로 훼손되었다. 특히 보살을 그린 인물화에서는 눈 부분이 떼어내어졌거나 긁혀져 있었다. 어떤 굴은 무슨 연유에서인지 문을 굳게 잠가두고 있었다.

이들 벽화가 훼손된 것은 철없는 어린아이들의 장난질 때문이라고도 하다는 말을 내가 전에 어디선가 들은 기억이 나서 과연 그런가 하고 눈이 훼손된 벽화의 그 눈의 높이를 내 키로 재 보았다. 그랬더니 그 훼손된 눈의 높이는 내 키하고 맞먹었다. '아니 저렇게 높은데, 아이들이 어떻게 긁어. 여기 애들은 키가 그렇게 큰가. 혹시 의자 갖다놓고 그 위에 올라가

벽화 속의 부처의 눈이 훼손되어 있다.

서 긁었나?' 하는 등 별생각이 다 났다.

결과적으로 나는 '역시 책에 나오는 대로 이슬람교도들의 만행(蠻行)이 틀림없을 거야.' 라는 생각에 도달하게 된 것이다.

옛날에 이 지역은 가오창(高昌) 왕국으로서 당시 이 나라는 서역 36개 국가 중 불교가 가장 융성했다고 한다.[12]

그러니 그 융성한 만큼 불교관계 시설이나 미술품들도 많았을 것이다.

그런데 그러한 미술품이나 시설이 후에 이곳에 들어온 이슬람의 이념에 의하여 파괴되거나 훼손되었다. 그러니까 이곳 사람들이 당시까지 신봉하던 불교를 내팽개치고 이슬람교로 개종하면서 이 유적을 훼손하기 시작한 것이다. 이것은 말하자면 후배가 선배가 만들어 놓은 것을 부수어 버린 격이 되고 마는 셈이다.

내가 어렸을 적에 동네에 어떤 젊은 신사(紳士) 한 분이 있었다. 그런데 그 사람은 동네 어른들로부터 많은 칭찬을 받았다. 칭찬 받은 이유는 단 한 가지, 나무를 베지 않았기 때문이다.

---

12) 정지영, 『실크로드』, 도서출판 성하출판, 2006, p.14 & p.86.

배제크리크 천불동 전경

사연은 이렇다. 그분 집 옆 마당에는 나무 한 그루가 있었다. 좁은 집에서 불편하게 살고 있는 그분은 집을 확장 내지 개축하고 싶어했다. 그런데 그렇게 하려면 저 나무를 베어내야만 했다. 그러나 그분은 그 나무를 잘라내지 않았다. 할아버지가 심은 나무이기 때문에 벨 수 없다는 것이다. 그래서 그분은 집을 넓히지 않고 작은 집에서 불편을 참으며 살았다. 요즘 같으면 참 어림도 없는 일이다. 당장 베어냈을 것이다.

나는 이 훼손된 벽화를 보고 착잡한 마음을 금할 수 없었다. 아무리 장강(長江)의 앞물이 뒷물에 밀린다고는 하지만 이곳 사람들의 어리석은 저 행위를 질타하지 않을 수 없었다.

그러나 어쩌랴. 이것도 역사인 것을. 다만 이곳 사람들, 역사를 좀 슬기롭게 끌어 나갈 순 없었을까 하는 아쉬움은 남는다. 불교는 이들의 조상들이 믿던 어떻게 보면 이곳 전통 종교인데 그것을 하루아침에 버리고 자기네들 생각과 안 맞는다고 조상들이 만들어 놓은 것을 훼쇄(毁碎)하고 말았으니 말이다.

그리고 하필이면 왜 눈인가. 눈은 그 사람의 정기(精氣)를 나타내고 있어서 그랬을까.

사찰에서는 점안식이라는 것이 있다. 그것은 불상(佛像)에 눈을 그려 넣는 의식으로써 이를 통하여 불상은 생명을 갖게 된다는 것이다.

눈 하니까 또 생각나는 게 하나 있다. 텔레비전에서 본 이야기이다. 물론 실화(實話)였다. 이야기 줄거리는 대략 이렇다.

어떤 사람이 새집으로 이사왔다. 이사 온 며칠 후부터 갑자기 눈이 잘 안 보이기 시작했다. 그래서 치료를 받았지만 별 효험이 없었다.

어느 날 우연히 그 사람은 액자를 걸기 위하여 박은 못을 보게 되었다. 그래서 그 못이 박힌 자리의 벽지를 뜯어내보니 못이 커다란 인물사진의 눈을 찌르며 박혀 있었다. 나중에 알고 보니 그 인물사진의 주인공은 먼저 이곳에 살던 사람이었다. 그러니까 집 주인이 그 사진을 떼어내지 않고 그냥 그 위에다 도배를 한 것이다.

이슬람에 의한 불적(佛跡)의 파괴는 지금도 계속되고 있다. 그 대표적 사례는 지난 2001년 바미안(Bamian) 마애석불(磨崖石佛) 파괴이다.

이 마애불이 우상 숭배의 대상이 된다는 이유를 내세워 아프가니스탄의 이슬람 원리주의자 탈레반이 국제사회의 자제 요청을 완전히 무시하고 부셔버린 것이다.

보도에 의하면 아프가니스탄 정부는 다시 이 불상을 복원시킨다고 한다. 같은 국민들이 한쪽에서는 부수고, 또 다른 한쪽 사람들은 복원하고, 이래저래 국비(國費)만 낭비한다.

그 바미안 지역은 혜초 스님과도 인연이 있다. 혜초는 파키스탄으로부터 카이버 고개(Khyber Pass)를 넘어 아프가니스탄으로 들어와 카피스와 자부리스탄을 거쳐 이 바미안에 도착했다고 『왕오천축국전』에 쓰고 있다.[13]

혜초가 이 바미안 석불을 보았는지 못 보았는지는 지금으로는 알 수 없다. 만약 석불이 혜초의 방문 전에 조성되었다면 보았을 개연성은 높다.

그런데 이 배제크리크 천불동 앞의 경치가 그야말로 기막히게 아름답다. 천불동 굴 앞은 좁은 평평한 공간이 있고 그 밑은 깎아지른 절벽이다. 그 절벽 아래 계곡에는 철썩철썩 쏴쏴하며 물이 흘러간다. 저 멀리 천산 산맥에서 눈 녹은 물이 흘러들어오느니만큼 물이 깨끗하고 맑다. 물 내려가는 소리가 참으로 산골의 기분을 자아내며 마음을 흐뭇하게 울린다.

그리고 그 물가에는 갓 피어난 깨끗한 연초록의 잎이 무성한 키 큰 미루나무가 빽빽이 들어서 있다. 실로 그 나무를 보는 것만으로도 눈이 상쾌해지고 숨이 크게 쉬어진다. 이것을 보니까 옛날에 스님들이 왜 이곳을 수행처로 삼았는지 절로 이해가 된다. 옛날 스님들은 저 맑은 물소리를 보고 들으며, 저 나무들을 벗 삼아 바라보며 이곳에서 몸과 마음을 닦았을 것이다.

자연이 내는 소리는 사람을 절대로 방해하지 않는다. 얼마 전 나는 사찰의 수련회에 참가한 적이 있다. 그때 산속 물가에서 공부를 했는데 쌀쌀거리며 흐르는 물소리는 전혀 귀에 거슬리지 않았다. 오히려 기분이 좋았다.

호텔로 돌아와 엊그제 만났던 프리랜서로 일본어 가이드를 하고 있는 그 위구르족 청년을 로비에서 또 만났다. 그 청년은 영어를 한마디도 못 했다. 그 대신 일본어는 유창했다. 14살 때부터 일본 여행객을 따라다니

---

13) 정수일 역주, 『혜초의 왕오천축국전』, 도서출판 학고재, 2006, pp.311~329.

천불동 앞에서 내려다 본 계곡. 산에는 풀 한포기 없는데 계곡에는 쭉쭉 뻗은 키 큰 푸른 미루나무가 빽빽이 들어서 있다.

며 익혔다고 했다.

그런데 또 불가사의한 일이 있다. 그 청년은 일본 글자를 히라가나건 가타가나건, 단 한 자도 쓰거나 읽을 줄을 몰랐다. 그리고 위구르인이라서 그런지 한자(漢字)도 잘 쓸 줄 몰랐다. 대화가 막혀 한자를 쓰려고 하면 손을 내저었다. 세상에 원 참! 외국어를 순 말로만 배웠다니, 그 청년의 머리가 비상하다는 생각이 들었다.

마침 훼손된 벽화를 보고 막 도착한 참이라 나는 단도직입적으로 물었다.

"부모가 이슬람교를 믿는데 자녀는 그것을 못 믿겠다고 하면 어떻게 합니까?"

"그런 일은 절대 없습니다. 부모가 이슬람교를 믿으면 자식도 당연히 부모를 따라 이슬람교를 믿어야 합니다. 부모가 믿는 종교를 아들이, 그리고 손자가 대를 이어서 믿어야 합니다. 이슬람교는 대단히 훌륭한 종교입니다."

"당신네들의 조상, 즉 아버지의 아버지 또 그 아버지의 아버지 또 그 아버지의 아버지들은 불교를 신봉하지 않았습니까?"

"그렇습니다."

"그러면, 당신 말대로 하면, 지금 당신네들도 불교를 믿어야하는 것 아닙니까?"

"그런데, 옛날에 어느 왕이 이슬람교가 더 좋으니까 불교를 믿지 말고 이슬람교를 믿으라고 명령했습니다. 그때부터 이슬람교를 신봉하게 되었습니다."

"음……. 이슬람교가 뭐가 좋습니까?"

"이슬람교는 생활의 바른 길을 제시합니다. 이런 것은 하고, 저런 것은 하지 말고 등, 이슬람교가 가르치는 데로 하면 잘 살 수 있습니다. 다른 길로 가면 망합니다."

　나는 이쯤해서 이슬람 얘기를 마치는 것이 좋겠다는 생각이 들었다. 그
래서 주제를 바꾸었다.

　"이곳 투루판에도 한국 관광객이 많이 오는데, 내가 듣기로는 한국 사
람들이 이곳을 무섭게 생각해서 낮에 관광이 끝나고 저녁에 방에 들어가
면 잘 나오지 않는다고 합니다."

　"이곳은 위험하지 않고 우리는 다른 사람을 해(害)하지도 않습니다."

　"그런데 한국인들은 무섭게 생각하고 있지요. 책에도 주의하라고 나와
있습니다."

　"약 20년 전에는 법률도 정비되지 않아 치안이 엉망이었습니다. 지금
은 치안이 확실히 잡혀 있어서 안전합니다."

　"일본어를 잘해서 좋겠습니다."

　"그런데 돈이 없잖아요."

　"돈은 자기가 하는 일을 열심히 하면 자연히 벌리는 것입니다."

　"(웃으며) 예."

　그 위구르 청년은 친구가 왔다면서 뒷문으로 나갔다.

　밤 9시가 넘었는데도 밖은 아직 환하다.

우루무치(乌鲁木齐) 단상(斷想)

우루무치 버스터미널에 도착하자마자 카스(喀什) 가는 열차표를 사기 위해 역으로 향했다. 역 대합실에 들어서서 나는 깜짝 놀랐다. 족히 6·7개는 될 예매창구마다 사람들이 매우 길게 줄을 서고 있기 때문이었다. 나중에 안 일이지만 주말부터는 노동절 연휴가 시작되는 것이었다.

한참을 기다려서 내 차례가 되었다.

노트에 "4/28 硬臥 下鋪 1個"라고 적어 창구 안으로 밀어 넣으며 말했다.

"왓 타임 어라이브 엣 카스 투마로우 모닝?"

"이잉, 잉글리시 저쪽으로 가세요."

뚱뚱하고 사납게 생긴 여자 판매원은 재수 없다는 표정으로 노트를 밖으로 밀치며 말했다.

황당했다. 장시간 버스에 시달리고 밥도 못 먹고, 오랫동안 줄서서 기다렸는데, 저쪽으로 가라니.

갑자기 '나이 먹어서 혼자 이 무거운 배낭을 메고 와서 이게 무슨 고생이야.'라는 생각이 들어 마음이 우울하고 답답했다.

그러나 곧 마음을 고쳐 먹었다. '그래 이게 여행이고 재

카스 행 열차 안에서 만난 위구르족 어린이

미지. 초지일관이다. 편하려면 방구석에 있지. 뭐 하러 쏘다녀.'라고.

그런데 행운이 찾아왔다. 구내에서 질서 정리를 하던 경찰이 내 모습을 언제 보았는지 바로 와서는 나를 영어가 통하는 옆 창구로 데려가서 줄서 있는 사람에게 양해를 구해준 것이다. 그 경찰 덕분에 빨리 표를 살 수 있었다.

숙소를 역 앞에 있는 신장판티엔(新疆饭店)으로 정했다. 말이 역 앞이지 역 앞 길을 오른쪽으로 한참 가서 거기서 큰 도로를 두 개나 건너야 도달하는 걸어가기에 아주 불편한 곳이다. 그래도 여러 가지 자료에 이 호텔이 소개되어 있어서 그곳에 간 것이다. 그리고 또 수일 후 카스에 갈 때 역에 걸어갈 수 있기 때문이었다.

방값은 매우 저렴했다. 비상 대피계단도 건물 한가운데 널찍하게 설치되어 있다. 밤에 자려고 문을 걸려고 보니 잠금장치가 도어노브 하나뿐, 보조 잠금장치가 없다. 대개의 호텔에는 문에 체인 또는 밀쇠 등의 보조 잠금장치가 있는데 말이다.

하루 밤을 자고 다음날 프런트에 물었다.

"왜 방에 보조 잠금장치가 없습니까?"

"방값은 70위안입니다."

아이구 두야. 말이 안 통한다.

"방값이 아니고 왜 보조 잠금장치가 없느냐 말입니다."

"방값은 70위안입니다."

이제부터는 필담이다.

나는 노트에 보조 잠금장치 그림을 그려서 보이며

"이것이 ×해서 不安."

프런트 클락은 그제야 알아들은 듯하다.

"安全해요."

"不安."

"安全."

"不安."

우리의 입씨름을 본 듯, 로비에서 가게를 운영하는 젊은 남자가 왔다.

"히어 매니 폴리스맨. 새이프티."

나는 방으로 돌아와 문 앞에 긴 의자를 받쳐두고 잠을 청했다.

다음날 밖으로 나가보니 옆에 경찰서가 있다.

우루무치에서는 영어가 안 통했다. 호텔구내에 있는 여행사에서 천지(天池) 관광예약을 하는데도 애를 먹었다. 천지 가는 관광 안내원도 마찬가지다. 그나마 한자(漢字)가 통해서 다행이었다.

천지[14]는 매우 인상적이었다. 특히 천산산맥의 그 깊은 골짜기 속으로 들어가는 맛이 더욱 좋았다. 어떤 골짜기에는 카자흐족이 사는 유르트도 보였다.

천지에서 나는 저 멀리 머리에 흰눈을 쓰고 있는 산을 가리키며 필담(筆談)으로 안내원에게 물었다.

"登山人 有?"

"응."

이번에는 물을 가리키며 물었다.

"漁 有?"

"응."

---

14) 보그다봉(博格达峰, 해발 5,445m) 줄기에 있는 고산호수. 水面 해발 1,910m, 길이 3.4km, 최광 폭 1.5km, 면적 4.9km², 최저 수심 105m임(황정해 · 임이소연, 『베이징 & 실크로드』, 김영사, 2003, p.254.). 이 천지는 규모면에서 우리나라 백두산 천지의 약 반 정도임. 백두산 천지가 남북이 5km, 동서가 3km, 둘레가 약 12km, 수심도 보그다봉 천지의 두 배가량임(김대환, 전게서, pp.253~254.).

천지를 내려다보고 있는 서왕모(西王母) 사당

　　돌아갈 시간이 다되어서 나는 기념품 가게에서 상품 구경을 하고 있었다. 그때 누군가 내 어깨를 툭 쳤다. 돌아보니 그 관광 안내원이었다. 그 여자는 내 노트에 글자를 썼다.

　　"票"

　　수소문하여 '한성(汉城)'이라고 하는 한국 사람이 운영하는 식당을 찾아갔다. 사장으로부터 우루무치에 사는 이야기를 들어보기 위해서이다.

　　"버스터미널에서 기차역까지 택시를 타고 갔는데 택시기사가 20위안 달라고 해서 다 주었습니다. 그런데 내가 바가지 쓴 것 아닌가 모르겠습니다."

　　"어디 이상한데 끌려가서 돈 뺏기지 않은 것만을 다행히 생각하세요."

　　"우루무치역의 열차표 파는 사람 참 고압적이던데요."

19座名山"身高"公布

据新华社北京4月27日电 国家测绘局和建设部27日联合公布了我国19座名山的高程数据。这是继2005年公布珠穆朗玛峰高程后，我国再一次公布山峰类重要地理信息数据。

此次公布的19座名山高程数据分别是：泰山1532.7米，华山2154.9米，衡山1300.2米，恒山2016.1米，嵩山1491.7米，五台山3061.1米，云台山624.4米，普陀山286.3米，雁荡山1108.0米，黄山1864.8米，九华山1344.4米，庐山1473.4米，井冈山1597.6米，三清山1819.9米，龙虎山247.4米，崂山1132.7米，武当山1612.1米，青城山1260.0米，峨眉山3079.3米。

国家测绘局介绍，下一步，还将做好我国陆地最低点艾丁湖、长城长度、部分著名山峰高程等一批重要地理信息数据公布的技术准备工作。

중국정부가 공식 발표한 중국 명산 19좌(座)의 높이(烏魯木齊晚報, 2007. 4. 28. A04면.) ※신문 제호는 간체자가 아니고 번체자였음.

"그 사람들 서비스가 무언지 모르는 사람들이에요."

"여기 영어가 잘 안 통하네요."

"우루무치에서는 영어 안 통해요."

사장은 우루무치에 대해서 이런저런 이야기를 들려주었다. 우루무치는 전 세계에서 바다에서 가장 먼 도시, 인구는 유동인구를 포함하여 약 300만, 5성급 호텔이 20개 가까이 될 정도의 중앙시아의 교역의 중심지, 중앙아시아의 물자보급기지, 중국정부에서 가장 신경을 날카롭게 세우고 있는 신장성의 성도(省都)라는 등 바쁜 시간임에도 불구하고 이곳에 대하여 설명해 주었다.

식당을 나오니 옆에 이발소가 있다. 들여다보니 이것은 신세대 이발소이다. 종업원도 애들이고 손님도 애들이다.

"나도 돼?"

"예. 들어오세요. 재팬?"

"노. 코리아. 한꿔린."

나는 생각했다. '그래, 이런 데서 머리 깎아보는 것도 관광이지.'

젊은 이발사의 손놀림은 빨랐다. 머리 감아주는 예쁜 처자(處子)의 손길은 부드러웠다. 이런 신세대 이발소에 가보는 것은 이번이 처음이다.

숙소에 돌아오니 우루무치의 밤은 깊어졌다.

카스(喀什)는 옛 영화(榮華)를 되찾을 수 있을까?

카스에 오니 도시 분위기가 또 딴판이다. 이제까지 듣던 중국말이 아니다. 입속에서 또르르 구르는 위구르 말이다. 거리의 간판 글씨는 밟힌 지렁이 꿈틀거리는 것 같다.

서만호텔로 갔다. 조그마한 모자를 쓰고 있는 프런트 클락은 하얀 피부에 얼굴이 둥글며 눈이 좀 들어가 간데다 약간 푸른빛이 나고 있는 30대 초쯤으로 보이는 미녀였다. 그녀는 영어를 썩 잘했다.

"원래는 110위안인데 100위안으로 해 드리겠습니다."

"90위안에 해 주세요."

"안됩니다. 100위안입니다."

"90위안."

"노. 100위안."

"95위안."

그러자 그녀는 등록 카드를 내놓으며 적으라고 했다.

카드에 인적사항을 다 적어서 내밀었다. 그녀는 카드를 훑어보더니만

"비자 번호도 적으세요."

"비자 번호도 적어야 합니까? 한국에서는 이런 것은 안 적는데."

"디스 이스 차이나."

"알겠소. 입 닥치고 있겠소."

등록 카드에 다 기입한 후 그녀에게 주며 말했다.

"나도 소싯적에 호텔에 근무한 적 있습니다."

그러자 그녀는 큰소리로 말했다.

"유 나인티 위안."

"호텔에 얼마 동안 근무하고 계십니까?"

"15년간입니다."

"영어를 매우 잘하시는군요."

"감사합니다."

호텔 방에서 나와 호텔 건물 뒤에 있는 존스 인포메이션 카페에 왔다. 그곳에는 키가 큰 젊은 처자가 근무하고 있었다. 머리에 스카프를 두르지 않은 것으로 보아 위구르족은 아닌듯 했다. 나는 오므라이스를 주문했다. 마침 이 카페에는 나 이외에는 손님이 없었다.

나는 그 처자에게 말을 걸었다.

"여기 카스 살기 좋습니까?"

"예. 좋아요."

"그런데, 내가 느끼기엔 공기가 건조한 듯하군요."

"예. 그래요. 이곳엔 비가 적게 옵니다."

"위구르족 아니죠?"

▲ 카스 일요 대바자의 당나귀 시장

▲ 일요 대바자의 모습. 거의 모든 남자들이 모자를 쓰고 있고 여자들은 스카프를 두르고 있다.

▶ 일요 대바자에서 만난 위구르족 어린이들

“예. 한족입니다.”

“카스에서 태어났습니까?”

“예. 우리집은 옛날에 동부 지방에서 살았는데 제가 태어나기 조금 전에 이곳으로 이사왔다고 저희 아버지로부터 들었습니다.”

“이사왔다고요. 왜 이사왔나요?”

“모르겠어요. 아버지가 이쪽으로 전근되었다고 들었어요.”

나는 바로 직감했다. 이것이 바로 중국정부의 한족 분산정책의 일환이라는 것을 말이다.

호텔 앞 거리는 비교적 한산했다. 도로는 중국정부에서 신경을 썼는지 널찍하다.

호텔 앞 국제전화가게에 가니 파키스탄 사람이 몇 명 앉아 있다.

“재패니스?”

“노. 코리안.”

“무역일로 여기 왔습니까?”

“아니오. 관광입니다.”

“코리안 니들(needle) 참 좋아요. 중국산보다 한국산이 훨씬 좋지요.”

이 사람 밑도 끝도 없이 한국산이 좋단다. 아무튼 기분은 나쁘지 않았다.

“무슨 일을 하십니까?”

“옷감 짜는 기계 부속품 사다 팝니다.”

그러니까 중국에서 물건을 사다가 파키스탄에 가서 파는, 말하자면 현대판 대상(隊商)인 셈이다.

이 사람 집요하다.

"한국산 니들 좀 사게 해 주세요."

"알겠소. 한국에 가면 알아보고 연락하겠소. 연락이 없으면 모르는 줄 아시오."

그 남자는 나에게 이메일 주소를 적어주었다.

실크로드는 이렇게 살아 있었다.

오늘은 일요일, 그 이름도 유명한 대바자(大巴扎)에 갔다. 이것은 우리 나라로 말하면 시골 5일장 같은 것이다. 일요일만 선다.

장에 가니 이 한적한 도시에 어디서 사람들이 모여들었는지 바글바글 해서 도대체 들어갈 수가 없다. 거기에다 당나귀차가 아무렇게나 지나가 서 극도로 혼잡했다.

그러나 기분은 좋다. 팔러 내놓은 물건도 다양하다. 없는 것이 없다. 고 양이도 팔고 당나귀도 판다. 비데오 테이프 가게에선 영화 소리가 요란하 다. 시시케밥 굽는 연기가 자욱하고 그 옆집에선 만두를 빚고 있다. 한쪽 에선 웬 젊은이가 묘기 대행진을 벌리고 있다. 어깨 부딪치며 구경하는 재미가 이만저만이 아니다.

이 장터엔 중서아(中西亞) 국제무역시장 건물이 있다. 카스에서 파키스 탄과 키르키스스탄(Kyrgyzstan)으로 넘어가는 길이 있는 것을 볼 때 이 카스가 옛날에는 교통과 무역의 요충지로 매우 번창했었음이 분명하다.

혜초 스님도 귀로에 파미르고원을 넘어 이곳을 통과하여 쿠처(庫車)로 갔다.[15] 위에서 말한 일요 대바자는 그 시절 번창했을 당시 모습의 잔재가 아니가 하는 생각이 든다.

그런데 시대의 변화에 의하여 카스는 쇠퇴되어 있다. 카스는 옛 영화를 되찾을 수 있을 것인가?

---

15) 정수일 역주, 전게서, pp.427~432.

카스 국제여객 버스터미널에서

카스 국제여객 버스터미널에 왔다. 모레부터 다니기 시작하는 파키스탄행 버스를 알아보고 표도 예매하기 위해서이다.

"파키스탄 가는 버스 표 예매하러 왔습니다."

"이잉, 잉글리시. 버스 없어. 안 다녀."

"모레, 5월 1일부터 다니잖아요."

"안 다녀. 버스 없어."

30대로 보이는 살찐 여자 판매원은 두 팔로 X자(字)를 만들며 매우 신경질적으로 말했다.

"5월 1일부터 길 열리잖아요."

"버스 없어."

"언제 길 열립니까?"

"몰라. 몰라."

"누구한테 물어보면 압니까? 경찰한테요?"

"몰라. 폴리스. 폴리스."

우루무치역에서도 뚱뚱한 여자 판매원한테 혼났는데 여기서도 그렇다.

이번 여행을 나는 그 어느 누구의 도움도 없이 혼자 힘으로 해결해 가며 다니기로 작정했기 때문에 이 정도의 애로사항은 재미로 넘기기로 했다.

표 사는 것을 포기하고 터미널을 나오는데 어느 여자가 다가와서 말했다.

이 여자는 영어가 유창했다.

"내일 아침에 오세요. 표 팔아요."

"여기 근무해요?"

"예. 파키스탄 가려면 내일 가세요. 내일 예약된 사람이 8명이나 돼요. 따라서 11명 이상 될 가능성이 높아요."

그러니까 파키스탄으로 넘어가는 고개가 5월 1일부터 열리니까 여기 카스에서는 4월 30일부터는 차를 운행시킬 수 있는 것이었다. 왜냐하면 버스가 가다가 하루 밤 자기 때문이다. 그리고 버스는 승객이 11명 이상 일 때만 출발하게끔 되어 있었다.

"나는 모레 출발하고 싶은데, 모레의 전망은 어떻습니까?"

"모르겠어요. 어쩌면 안 될 수도 있고……."

말을 마치자마자 그 여자는 남편인 듯한 사람의 승용차를 타고 어디론 지 가버렸다.

다음날 아침 터미널에 오니 대합실은 만원이었다. 어느 키 큰 여자가 손확성기를 들고 안내하고 있었다.

터미널에서 일본인 청년을 만났다. 그 사람은 자기 이름은 '고오(剛)' 라고 하며 파키스탄으로 간다고 했다. 반가웠다. 같이 갈 일행이 생겨서.

의자에 앉아 있는데 어떤 젊은 한 쌍이 다가왔다.

"재패니스?"

"노. 코리안"

"어디가세요?"

"파키스탄. 유 위구르?"

"예."

"여기에는 위구르족이 많다고 들었지."

"예. 주민의 90%가 위구르입니다."

이 한 쌍의 젊은이는 매우 차분해 보였다. 특히 처녀는 키가 그다지 크지는 않지만 흰 피부, 둥근 얼굴, 약간 푸른 빛나는 눈으로 하여 매우 귀엽게 생겼다.

"둘은 어떤 사이지?"

"애인 사이입니다. 결혼할 겁니다. 양가 부모님도 허락했습니다."

"아아, 축하해! 박수. 짝짝짝."

이 두 젊은이는 내말을 듣고는 매우 기뻐했다.

"총각은 영어를 꽤 잘하네. 다른 위구르족들은 잘 못하던데."

"뭘요. 우루무치에 가서 배웠습니다."

"그런데 여기 이 지방의 위구르 학교에서는 영어를 안 가르치고 중국어와 위구르어만 가르친다고 들었는데."

"예. 그렇습니다. 차이니스 싫어요."

"차이니스가 왜 싫어. 당신네 말인데."

"차이니스 싫어."

"총각은 지금 어디 가는 거야?"

"우루무치에 갑니다. 거기서 3개월간 머물며 컴퓨터를 배울 예정입니다."

"3개월이나 있어."

나는 곧 처녀에게 농담을 걸었다.

"총각이 3개월이나 우루무치에 머문다고 하는데, 그 사이에 총각이 마음 변하여 당신을 잊어버리고 예쁜 우루무치 처녀하고 사귀면 어떻게 하지? 칼 들고 우루무치까지 쫓아가서 찔러?"

"하하하. 그럴 리가 없어요."

총각도 깔깔대며 웃었다. 이번에는 총각을 향하여

"당신이 우루무치에 가 있는 동안에 처녀가 다른 남자와 사귀면 어떻게 하지? 공부하다 말고 돌아와 칼 들고 가서 찔러?"

"하하하. 그런 일 절대 없어요. 나는 믿어요."

한참 이야기 삼매에 빠져 있는데 손확성기를 들고 있는 사람이 뭐라고 안내방송을 했다. 들어보니 중국어는 아니었다. 총각에게 저 말이 무슨 뜻이냐고 물으니까 파키스탄행 곧 개찰한다는 뜻이라고 했다.

나는 총각에게 정치적으로 예민한 사항을 물었다.

"위구르인들은 독립을 원해?"

"예. 원합니다."

"왜 독립하려고 해?"

"(침묵)……."

"중국은 크고 강한 나라잖아. 위구르족들이 중국과 한나라가 되면 좋잖아. 괜히 독립해서 작고 약한 나라가 되는 것보다……."

"(침묵)……."

나는 그 총각의 표정을 살폈다. 총각의 눈에는 이슬이 맺혔다.

터미널 벽에는 큰 위구르어로 쓴 벽보가 붙어있다.

"저 벽보 내용이 뭐야?"

"공공장소에서 기도하지 말라는 뜻이요."

"아래에 있는 많은 글자로 된 안내문은?"

"위구르인들은 메카에 가지 말라는 내용입니다."

잠시 우리 사이엔 침묵이 흘렀다.

어떤 사람이 내 어깨를 꾹 찔렀다. 돌아보니 아까 안내방송을 하던 사람이었다. 그 여자는 개찰하니 빨리 나가라는 손짓을 했다.

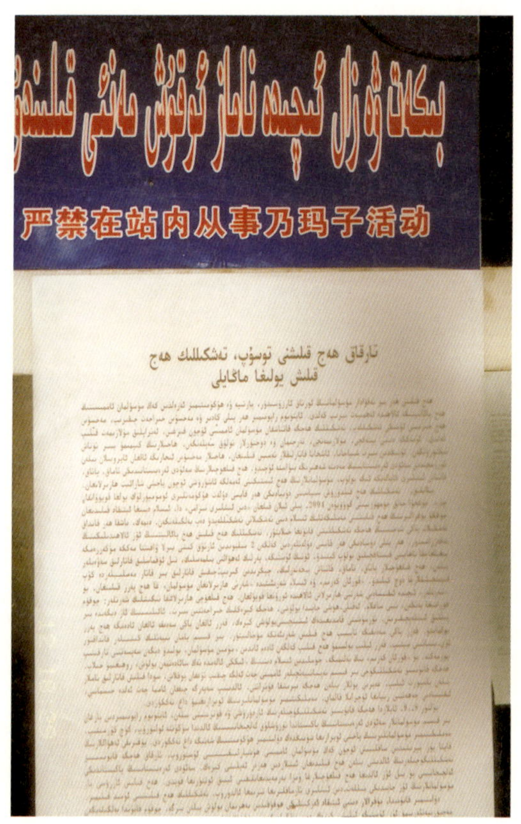

◀ 국제여객 버스터미널 내에 붙어 있는 공고문

위에 있는 큰 글씨의 글은 터미널 내에서 기도하지 말라는 뜻임. 아래에 있는 작은 글씨의 내용은 사우디아라비아에 가지 마라는 것임(이상은 터미널에서 만난 위구르족 청년이 알려준 것임. 乃玛子는 namaz의 음역으로써 이슬람교의 예배라는 뜻임.).

잊을 수 없는 풍광(風光) –
카스에서 중파국경(中巴國境)까지

어떤 음식이 가장 맛있을까. 아마도 어릴 때 어머니가 해 준 음식일 것이다.

어디가 가장 좋은 곳일까. 어릴 때 자란 고향일 것이다.

어디가 가장 그리울까. 어릴 때 자란 고향일 것이다.

어릴 때 보고 자란 그 곳이 가장 보고 싶고 그리운 곳이다. 그것은 비단 나만의 심정은 아닐 것이다. 인지상정이라 누구나 느끼는 감정일 것이다.

내게도 고향의 그리움은 있다. 지난 50년대 말과 60년대 초에 걸친 중ㆍ고등학생시절, 대전 부근에 살던 나는 여름방학이 되면 대나무를 꺾어 창을 만들어 들고서는 온갖 산야를 쏘다녔다. 지금 나이 먹은 내가 혼자 실크로드 배낭여행을 할 수 있는 건강의 바탕은 아마 그때에 이루어진 것이 아닌가 하는 생각이 든다.

그때의 산천은 참 아름다웠다. 여름이면 자갈이 깔린 신작로 가의 커다란 미루나무에서는 매미가 울어댔고 그 옆 참외밭에는 노란 참외가 익어 가고 있었다. 시냇물에는 송사리, 피라미, 모래무치가 지천이었고 돌을 들면 미꾸라지가 어디론가 재빨리 가곤 했다. 또한 그 냇가에는 검은색의 작고 가냘프게 생긴 잠자리도 있었다.

지금 우리나라 도로에 미루나무가 없어진 것을 나는 무척 아쉬워한다. 70년대만 해도 충북 영동에서 전북 무주 가는 길을 보면 무주읍을 지나서부터는 커다란 냇가를 따라 난 길에 미루나무가 쫙 늘어서 있어서 보기에 참 좋았고 낭만적이었다. 그러나 평생동지인지 뭔지 아니면 무주동계 스포츠 대회인지 뭔지 때문에 길은 넓혀지고 그 아름답던 미루나무는 자취를 감췄다. 그런 가로수길을 보지 않고 자란 신세대들, 쭉 뻗은 아스팔트의 고속도로만 보고 자란 그들은 먼 훗날 어떤 그리움을 가질 것인가. 아마도 이렇게 말할 것이다. '그때 말이야, 음악소리 꽝꽝 울리며 고속도로를 달리다가 들어간 휴게소에서 마신 그 커피 맛, 참 잊을 수 없지!'

카스를 떠나서부터 창밖으로 바라본 풍경은 내가 옛날 어린 시절에 보았던 그 모습이었다. 마치 타임머신을 타고 과거로 돌아온 느낌이었다. 그러니까 나는 여기서 추억어린 옛날의 그 아름다운 모습을 본 셈이 되는 것이다.

카스를 떠난지 얼마 안 되어 슈푸라는 작은 마을에 도착했다. 그곳에서 점심도 먹을 겸 휴식시간을 가졌다. 마침 그날이 장날이었다. 거리에는 옷, 화장품, 음료수, 과일, 난, 만두, 삶은 계란, 농기구 등 온갖 것들이 즐비하다. 복잡한 거리를 당나귀차가 쉬엄쉬엄 지나간다. 사람들의 옷은 추레하다. 얼굴은 햇볕에 그을려 검은데다가 수염도 안 깎아 더부룩하다.

이것이 바로 우리네 50~60년대 시골장터 풍경이다. 나는 여기서 그리운 옛날을 또 본 것이다. 타스쿠얼간(塔什库尔干)까지 가면서 보는 저 인

중파국경이 가까워지면서 멀리보이는 험한 산들

터넷의 오염이 안 된 한가롭고 평화로운 마을, 군데군데 현대적 농업의 손길이 미치지 않은 듯한 약간은 황량한 들판, 그 정다운 모습에 도저히 눈을 뗄 수가 없었다. 타스쿠얼간은 사람 몇 살지 않은 곳이라 그런지, 아니면 아직 본격적인 관광철이 되지 않아서 그런지 해가 넘어간 후의 거리는 한산했다. 마치 강원도 산골 소읍에 온 듯하다. 길은 넓은데 다니는 사람이 없으니 서럽기까지 했다.

누구에게나 한때는 있었던 것처럼 타스쿠얼간도 한때는 있었을 것이다. 옛 기록에 보면 이곳은 만국의 요충지로서 길은 모두 이곳을 경유했다고 한다.[16] 당승 현장은 귀로에, 고선지 장군은 소발률국[17] 원정길에 이 타스쿠얼간을 지나갔다.[18] [19]

---

16) 이지상, 전게서, p.201.

17) 小勃律國, 현재 파키스탄 북부의 길기트지방임.

18) 현장법사 · 권덕주 옮김, 대당서역기, 우리출판사, 1994, p.348.

19) 이지상, 전게서, p.202.

보잉777기가 뜨고 우주선이 나는 이 시대에 이 타스쿠얼간이 다시 교통의 요지가 될 일은 만무하다. 그러나 실크로드가 관광코스로 다시 각광을 받기 시작하고 있는 요즈음, 이 타스쿠얼간은 관광교통의 주요 거점이 될 수 있을 것이다.

중파국경이 가까워지면서 버스에서 바라 본 풍광은 지금까지 보아 온 것과는 사뭇 다르다. 지역에 따라 땅 모양이 다를 수 있겠지만 원, 세상에 저런 곳도 있나 할 정도다. 나무하나 변변한 것이 없고 풀도 누렇다.

사람들의 집은 순전히 흙으로 지어졌고 불을 피우기 위하여 모아둔 가축의 배설물 더미가 여기저기서 보였다.

집에 안테나가 있는지 유심히 보았지만 그런 집은 없었다.

양들이 별로 먹을 풀도 없는 땅에 머리를 박고 있고 그 너머에는 어떤 사람이 말을 타고 저쪽으로 가고 있었다.

나는 여기에 살고 있는 이들 타지크족의 생활상은 바로 지금까지 보아 온 것을 보면 어느 정도 알 수 있을 것이라고 생각했다.

다만 개 눈에는 똥만 보인다고, 나는 이들 마을에 학교가 있는지 유심히 보았다. 하지만 눈에 띄지 않았다.

동승하고 있는 중국인에게 물었다.

"이 사람들 자녀를 학교에 어떻게 보냅니까?"

"음……. 보내나? 안 보내나?"

"학교가 안 보이잖아요."

그런데 한참을 가다가 학교 같은 건물이 하나 보였다. 나는 외쳤다.

"저기 학교 보인다. 학교가 보여."

그러면 저렇게 멀리 떨어진 학교를 어떻게 보낸단 말인가. '빈익빈 부익부' 라고 하는데 이들은 '무식익무식 유식익유식' 이 되는 것은 아닐까.

세계의 하늘재 쿤제라브 고개

당신은 서번(西蕃)길이 멀다고 원망하나

나는 동쪽길이 먼 것을 한탄하노라.

눈 쌓인 거친 고개 넘기도 어려운데

험한 골짜기에는 도적이 성하도다.

나는 새도 놀라 넘는 험한 멧부리,

외나무다리 건너가기란 진정 어려워

눈물 한번 흘린 적이 평생 없는데

오늘만은 천 갈래 눈물 쏟아지도다.

혜초 스님은 당신이 투카라국[20]에 머물고 있을 때 서쪽으로 가는 당나

---

20) 토화라(吐火羅), 현재 아프가니스탄 북부 우즈베키스탄과의 접경 지역임.

21) 박종홍 外, 『한국의 명저(名著)2 왕오천축국전 篇(편)』, 현암사, 1993, p.37.

라 사신을 만나고 위와 같이 읊었다고 한다.[21]

누구보다도 마음이 단단했을 스님도 장기간의 여행에 피로했을 테고 거기에다 앞을 가로막는 험준한 산줄기에 그만 마음이 약해졌던 모양이다. 요즈음 말로 해서 약한 모습을 보인 것이다.

혜초가 카스에 올 때 중국과 파키스탄을 잇는 이 쿤제라브 고개(Khunjerab Pass)를 밟았는지의 여부는 여기서 생각하지 않으련다. 왜냐하면 어느 고개를 넘었건 그곳은 험준하고 도적떼가 우글거렸을 것이라는 것은 확실하기 때문이다.

우리나라 문경새재 옆에 하늘재라는 고개가 있다. 충청도와 경상도를 연결하는 이 재는 그다지 높지 않음에도 불구하고 이름만은 그렇게 붙여졌다.

쿤제라브 고개를 넘으면서 바라다본 험한 산과 길

쿤제라브 고개를 넘으면서 본 북 파키스탄의 험산 군(群)

해발 4,943m의 높고 험준한 이 쿤제라브 고개, 나는 오늘 이 고개를 세계의 하늘재라 명명한다. 그리고 지금 세기의 나그네가 되어 이 고개를 넘는다.

아침에 타스쿠얼간을 출발한 버스는 얼마 되지 않아 변방 출입국 관리소에 도착하였다.

중국이 변한 것인가. 그곳 출입국 관리소 직원들의 태도가 부드러웠다. 여기는 아니지만, 수년 전 고압적이던 분위기하고는 딴 판이다. 이곳을 지키는 군인들의 표정도 그렇게 딱딱하지 않다. 글쎄 오늘이 이 고갯길이 열리는 첫날이라 그런지 모르겠다.

자전거로 세계일주를 하고 있는 한 쌍의 젊은 유럽인이 출국 심사를 받은 후 자전거로 파키스탄을 향하여 가다가 붙잡혀 왔다. 이유인 즉, 이곳에서부터 파키스탄 국경까지는 자전거나 오토바이를 타고 갈 수 없게 되어 있기 때문이었다. 버스를 타고 가는 사람도 버스에서 내릴 수 없다. 중국이 마약 단속을 철저히 하고 있음을 볼 수 있다.

버스는 서서히 올라 정상에 닿았다. 그리고서는 그곳에서 좀 쉬었다. 부근 황무지에서는 무슨 너구리같이 생긴 놈이 굴에 들어가서 머리만 내밀고 이쪽을 보고 있다.

정상을 지나고 나서부터는 급경사 내리막이다. 길 옆은 천길 낭떠러지이고 그 아래엔 누런 황톳물이 흐르고 있다.

고개를 내려오면서 나는 창밖으로 연신 눈을 두었다. 옛날 구법승(求法僧)과 대상(隊商)들이 다니던 본디 길을 보기 위해서이다. 그러니까 지금 내려오고 있는 이 길은 근래에 중국에서 닦은 새 길이라고 어떤 자료에서 읽었기 때문이다.

그러던 차에 보았다. 저 깎아지른 벼랑에 그어진 희미한 선(線) 같은 것이 눈에 들어온 것이다. 그것은 분명히 길이었다. 매우 좁아서 사람 하나 겨우 지나갈 정도이다. 발 한번 잘못 디디면 천길 낭떠러지로 떨어지고 말 것 같다.

그 길을 보니 "깎아지른 절벽 밑으로 세차게 강이 흐른다. 앞으로 가려 해도 발 디딜 곳이 없다."라고 한 법현 스님의 말이 이해가 된다. 역시 백문이 불여일견이다.

아까 중국측 출입국 관리소에서 파키스탄의 서스트(Sost)에 있는 한 중국기관에서 일할 수명의 중국인들이 우리 버스를 탔다. 그 중 한 젊은 처자가 내 옆에 앉게 되었다.

나는 말을 걸었다.

"집이 어디야?"

"우루무치입니다."

"그러면 집에 자주 못가겠네."

“예. 집에 못 갑니다. 저 오늘 발령받아 처음으로 가는 것입니다.”

“처음 발령받아 가는 길이라고, 그러면 며칠 있으면 집에 가고 싶을 텐데, 그러면 어떻게 하지? 일하다가 말고 그냥 집에 가는 것 아니야?”

“아니예요. 한달에 2박 3일 휴가를 주니까 그때 가면 됩니다.”

“아버지가 이렇게 멀리 떨어져 근무하는 것을 허락해?”

“예.”

“아버지 무엇 하셔?”

“은행원입니다.”

“남자친구 있어?”

“(웃으며)없어요.”

“왜 이태까지 남자친구도 없어?”

이때 처자는 자기 앞에 있는 동료를 가리키며 말했다.

“쟤는 있어요.”

“한족(漢族)이야?”

“예.”

“그러면 내가 하나 물어볼 것이 있는데, 여기 A라는 총각이 있어. 그 총각은 키도 크고 잘 생겼어. 학교도 좋은데 나오고 직장도 좋지. 집안도 좋고. 그런데 그 총각은 무슬림이고, 자기하고 결혼하면 무슬림이 되어야 한다고 고집하고 있지.

그런데 한편 B라는 총각이 있지. 그 총각은 키도 작고 못생겼었어. 공부를 잘못했고 그래서 직장도 변변치 않아. 집안도 별로 신통치 못해. 그런데 한족이지.

자, 그러면 네가 결혼을 한다면 누구를 선택하겠니?”

“(웃음)꼭 선택해야 돼요?”

“응. 꼭 이 중에서 선택해야 돼.”

“B를 선택하겠어요.”

“왜 B야. A가 잘생겼고 돈도 잘 버는데.”

“돈이 중요한 게 아니잖아요.”

이번엔 이 처자 앞에 앉은, 아까 남자친구가 있다고 하는 처자에게 똑같은 질문을 했다. 그 처자 왈

“꼭 선택해야 돼요?”

“응. 이 중에서 꼭 선택해야 돼.”

“음……. 다른 사람 선택하면 안돼요?”

“안돼.”

“A를 택하겠어요.”

“왜 A야. A는 무슬림이잖아.”

“경제력이 사람 사는 데 중요하잖아요.”

이쯤해서 이야기를 정리할 필요가 있다. 지난번 투루판에 있을 때 두 명의 위구르족 젊은 남녀에게 위와 같은 질문을 했을 때 그들 모두는 위구르족과 결혼하겠다고 말했다.

오늘 두 명의 젊은 한족 처자는 똑같은 질문에 한 명은 한족이라고 했고 다른 한 명은 경제력만 있으면 위구르족도 괜찮다고 했다.

네 명의 답변을 가지고 뭐라고 평가할 수는 없고, 하여튼 결과는 그렇게 나왔다.

오후 늦게 파키스탄 국경마을 서스트에 도착하여 입국심사를 받았다.

턱수염을 길게 기른 두 명의 이민국 직원은 마주보며 잡담을 해 가면서 우리 서류를 보았다. 내 차례가 되었는데, 그 직원은 바로 심사하지 않고, 내 앞에서 또 잡담을 했다. 이 사람들 ‘근무 중 잡담 금지’라는 전 세계

사무직원의 공통적인 규칙을 모르는 모양이다.

세관에서의 짐 검사는 아주 간단했다.

"배낭을 여시오."

내가 여는 순간 세관직원은 자크를 잡고 말했다.

"노 프로블럼. 가시오."

'쿤제라브' 란 이 지역말로 '피의 계곡' 이란 뜻이라고 한다. 옛날에 산적들이 이 고개를 넘던 대상(隊商)과 구법승들을 표적으로 하여 약탈과 살인을 자행하여 계곡에 늘 피가 흘러서 붙여진 이름이라고 한다.[22]

험준한데다가 수시로 강도가 나타났다니 얼마나 많은 선인(先人)들이 이 길에서 피와 땀과 눈물을 흘렸겠는가. 가히 짐작이 간다.

갑자기 당(唐)나라 때의 구법승 의정(義淨)의 시(詩)가 생각난다.

去人成百歸無十 後自安知前者難

(거인성백귀무십 후자안지전자난)

路遠碧天唯冷結 沙河遮日力疲彈

(로원벽천유냉결 사하차일역피탄)

배우러 간 사람은 백도 넘었는데 돌아오는 사람은 열도 못되네.

후인이 어찌 앞사람의 어려움을 알건가.

길은 멀고 차가운 하늘에 냉기만 몸에 스미는데

사하(沙河)에 해는 저물어 쓰러질 듯이 고단함이여.[23]

오늘날 우리는 길을 지나치게 편하게 다니고 있지 않은지, 다시 한번 조용히 생각해볼 일이다.

---

22) 이지상, 전게서, pp.206~207.

23) 김장호, 『나는 아무래도 산으로 가야겠다』, 일진사, 2007, p.234.

사막의 밥주머니 낭(饢)

불과 8만의 병력으로 유라시아 대륙을 삼켜버린 징기스칸의 몽고군의 그 전투력은 '짧은 병참선(兵站線)'에서 나왔다는 연구결과가 있다.

몽고군은 식량을 달고 다녔다고 한다. 그러니까 소를 잡아서 여러 토막을 낸 후 그것을 찬 겨울바람에 말려서 백에 넣어 말에다 매달고 다닌 것이다.

그렇게 하면 소 한 마리가 작은 백에 능히 들어간다고 한다. 먹을 때 이 육포를 조금만 뜯어 넣어도 그릇 가득한 소고기국이 되니 백 하나면 수개월간의 식량 문제가 해결되었던 것이다.

투루판에 와서 시장 구경을 갔을 때 가장 먼저 눈에 띈 것은 커다란 둥근 빵이었다. 가게 주인에게 물으니 '낭'이란다. 여기저기 노점(露店)의 판매대(販賣臺) 위에 낭이 수북이 쌓여 있다.

나는 낭이라는 것이 한자(漢字)인줄 몰랐다. 우루무치에 와서 비로소 그

낭 가게에 게시된 낭 소개문 (천지에서)

것이 한자라는 것을 알았다. 좀 더 자세히 말하면 우루무치에 있는 동안에 천지(天池)에 갔었는데 그 천지 밑에 있는 한 낭 가게 벽에 게시된 낭에 대한 설명문을 보고 알게 된 것이다.

한자(漢字) '낭'을 보니 참 재미있다. 밥 식(食)자에 주머니 낭(囊)자라, 그러니까 밥주머니인 셈이다.

잠시 설명문을 읽어 보았다.

"낭은 수세대에 걸쳐 사람들을 먹여 살렸다.

주재료는 밀가루와 천산설수(天山雪水)

부재료는 계란, 버터, 우유, 기름, 깨 등

제작 방식은 순 손으로

유효기간(제품 보존기간)은 6개월."

사막을 횡단할 때 가장 문제가 된 것은 말할 것도 없이 물과 식량이었을 것이다. 그 식량의 문제를 이 낭이 해결한 것이다.

어느 지역을 이해하려고 할 때는 그 지역의 음식을 먹어보는 것이 매우 도움이 된다고 한다. 나 역시 여행 중 이 낭을 몇 번 먹었다. 낭이 갓 만들어져 따뜻할 때는 제법 맛이 있었다. 그러나 식으면 딱딱하니 별로다.

나는 지금 선인(先人)들이 간 길을 가고 있다. 그러니까 그분들의 흉내를 내고 있는 중이다. 다만 가는 수단이 다를 뿐이다.

더욱 흉내를 잘 내기 위하여 나는 배낭 속에 있는 낭을 수시로 뜯어 먹었다. 이빨이 아프다.

아버지를 도와서 낭을 팔고 있는 위구르족 소년(카스에서)

트래킹 길에 우연히
방문한 초등학교

서스트에서 입국심사를 받고 바로 굴미트(Gulmit)로 왔다. 굴미트는 흰눈을 쓰고 천공 높이 솟아 있는 산으로 둘러싸인 파미르 고원의 산골 마을이다. 서스트에서 그다지 멀지 않다.

카스 국제여객 버스터미널에서 만나 같이 온 고오(剛)가 내일 같이 트래킹을 가잔다. 어디로 가냐니까 굴킨 빙하(Ghulkin Glacier)라고 하며 자기가 가는 코스를 알아두었단다. 반가운 제의이다. 나는 같이 산에 가자고 하는 사람이 제일 예쁘다. 산에 가자면 자다가도 벌떡 일어난다.

트래킹에 나서서 마을을 통과하던 중 뜻밖에 초등학교 앞을 지나가게 되었다. 우리는 학교 구경도 할 겸 안으로 들어갔다. 마침 교실에서 수업을 하던 선생이 우리를 보더니만 안으로 들어오라고 한다. 아동들은 환호성을 질렀다.

"수업 중인데 들어가도 됩니까?"

"예. 괜찮습니다. 재패니스?"

"저 사람은 재패니스이고 이 사람은 코리안입니다."

선생은 교실 안에 있는 아동들을 가리키며 말했다.

"이쪽은 4학년이고 저쪽은 5학년입니다."

시골 학교에서는 여러 학년이 같은 교실에서 수업을 받는다는 것을 말로만 들어왔는데 오늘 이 이국 땅에서 그 현장을 보게 되니 마음이 찡했다.

학교에 낯선 사람들이 온 것을 알고는 교사 두 분이 왔다. 한 분은 이 학교 주임교사인 '사하 무하마드' 씨이고 다른 한 분은 타 학년 담당교사이다.

칠판을 보니 교사는 산수(算數)를 가르치던 중이었다. "648×37"과 같은 곱하기 문제가 쓰여 있다.

굴킨초등학교(Ghulkin Primary School) 4·5학년 교실의 어린이들

질문은 거의 내가 했다. 고오는 그냥 듣기만 했다.

"아동들은 하루에 몇 시간 공부합니까?"

"5시간 합니다. 아침 8시부터 오후 1시까지 합니다."

"일주일에 며칠 학교에 옵니까?"

"6일 옵니다."

"토요일에도 학교에 옵니까?"

"예. 월요일부터 토요일까지 옵니다."

"오후 1시에 학교를 마치고 아동들이 집에 가면 대개 무엇 합니까?"

"종교학교에 갑니다. 2시간 동안 그곳에서 이슬람을 배웁니다. 불교, 기독교 같은 타 종교에 대해서도 배웁니다."

"매일 갑니까?"

"예. 매일 갑니다."

"종교학교가 끝나고 아동들이 집에 가면 대개 무엇을 합니까?"

"아버지 농사일도 돕고, 놀고……."

벽에는 수업 시간표가 붙어 있었다.

"한 선생님이 여러 과목을 가르치네요."

"예. 교사가 적어서 그렇습니다."

"영어도 가르치는군요."

"예. 3학년부터 가르칩니다."

교탁을 보니 컴퓨터가 놓여 있다. 낡은 IBM제이다.

"컴퓨터도 가르칩니까?"

"예."

그런데 아동들 책상에 컴퓨터가 없고 그렇다고 학교에 따로 컴퓨터 실습실도 없는 것 같았다. 따라서 컴퓨터 수업은 그저 피상적인 듯했다.

이제 그만하고 학교를 나올까 했는데 선생은 우리를 다른 교실로 안내했다.

“이 교실엔 3개 학년이 있습니다. 이쪽은 1학년, 이쪽은 마이너스 1학년, 저쪽은 마이너스 2학년입니다.”

“마이너스 학년이 뭡니까?”

“초등학교 1학년 되기 전의 학년입니다.”

그런데 마이너스 2학년 어린이 중에 한 아이가 눈에 띄었다. 귀가 크고 쫑긋 올라갔으며 눈도 크다. 행동은 약간 어눌해 보였다.

“이렇게 같이 수업해도 괜찮습니까?”

“지금 교실을 신축 중입니다. 교실이 완공되면 더 좋은 교육 환경이 될 것입니다.”

“학교 설명 잘 들었습니다. 많은 공부가 되었습니다. 감사합니다.”

선생은 우리에게 자기 학교를 더 소개하고 싶은 눈치였지만 우리는 트래킹 길이 바빠서 서둘러 학교를 나왔다.

길을 걸으며 생각하니 아차 한 가지 질문이 빠졌다. 한 교사가 일주일에 몇 시간의 수업을 하는지 알아봤어야 했는데 그걸 놓친 것이다.

나같이 학교에서 강의하는 사람은 주당(週當) 수업 시간에 매우 관심이 높다. 그렇다고 되돌아가 물을 수도 없고, 또 전화하기도 그렇고 해서 알아보는 것을 포기했다.

트래킹 중에 어떤 계곡을 건너는데 저 위에서 ‘구르릉 구르릉 과앙’ 하는 소리가 났다. 잘 들어보니 얼음덩어리 부서지는 소리였다. 봄이니까 얼음이 녹고 있는 것이다. 만약 뭣도 모르고 저 얼음 위에 있다간 바로 황천길이다.

학교에서 많은 시간을 보냈기 때문에 바삐 걸었다. 하지만 트래킹 전

굴킨 빙하 트래킹 중에 건넌 외나무 다리

(숲) 코스를 밟는 것은 무리라는 생각이 들었다. 고오는 오늘 중으로 카리마바드(Karimabad)에 가야 한다고 했다. 그래서 트래킹을 중단하고 되돌아섰다.

귀로에 보니 옆 계곡엔 얼음이 녹아서 누런 황톳물이 사납게 흘러내리고 있었다.

"고오 씨, 우리가 저 물 속에 있다간 죽겠죠?"

"당연히 죽죠."

숙소에 돌아와 보니 해가 기울고 있었다.

저녁밥은 어제 갔던 길가의 식당에서 바리야니를 먹었다. 이 식당은 메뉴가 그것밖에 없었다.

식당 주인은 나에게 이곳에 대하여 여러 가지 이야기를 해 주었다. 내가 멀리 한국에서 온 사람인데다가 혼자 여행을 하고 있으니까 이곳을 소개해 주어야겠다고 생각했던 것 같다. 마침 식당에는 손님이 없었다. 그 주인은 영어를 잘했다. 명함을 받아보니 이슬라마바드(Islamabad)에 있는 여행사의 관광가이드도 겸하고 있었다.

"훈자는 위 훈자와 아래 훈자가 있습니다. 주민은 모두 무슬림 이스말리입니다. 이들은 전 국민의 1%입니다."

"아, 그래요. 나는 전에 이슬람교에 무슨 파가 있다고 들었는데요."

"무슬림 시아파, 무슬림 수니파, 그리고 무슬림 이스말리파가 있습니다. 시아파는 북 파키스탄에 있고, 수니파가 제일 많아서 전 국민의 60~65%를 차지합니다. 훈자에는 전원이 이스말리파 소속입니다."

"아, 알겠습니다."

"우리는 하루에 두 번 기도합니다."

"당신과 같이 식당을 운영한다든가 해서 업무가 바빠서 밤 기도회에 못

가면 어떻게 합니까?"

"교대로 갑니다. 한 사람이 이곳을 지키고 다른 사람이 갑니다."

"내가 듣기로 금요일에는 전원이 기도회에 가야 한다고 들었는데 그 때는 어떻게 합니까?"

"다 못갑니다. 한 사람은 남아야 합니다."

"그래도 괜찮습니까? 어떤 벌 같은 것 없습니까?"

"없습니다. 자기 자신에게 맡겨져 있습니다."

이야기를 끝내고 부지런히 숙소로 돌아왔다. 산속 마을이라서 길이 캄캄했다.

파미르 고원(高原) 위에
북두칠성이 빛난다

어제 트래킹 할 때 입었던 옷을 빨아 널었다. 마침 마당에는 숙소 주인이 종업원과 함께 카펫을 세탁하고 있었다.

주인은 나에게 이곳 굴미트에 대하여 설명해 주었다.

"이곳은 훈자 지방인데 주민은 교육 수준이 높습니다. 그리고 전 주민의 80%가 관광업에 종사하고 있습니다."

사실 나는 어제 이곳 굴미트에는 길기트(Gilgit)로 통하는 카라코람 하이웨이(Karakoram Highway)[24]를 따라 여러 개의 작은 호텔이 있는 것을 보았다.

"훈자하면 장수(長壽)마을로 유명하지 않습니까?"

"예. 여기에 85세, 90세 된 노인이 많습니다. 105세 된 노인도 있습니다. 한

---

24) 라왈핀디 · 이슬라마바드와 중국 신장성을 잇는 도로. 전장(全長) 약 1,200km.

번 만나 보시겠습니까?"

"아아, 그렇습니까? 그런데 내가 어제 트래킹을 하다 보니까 높은 산 벽에 'WELCOME OUR BELOVED HAZIRIMAM' 이라고 써 놓았는데, 이 'HAZIRIMAM' 이 무슨 뜻입니까?"

"그분은 우리의 영적리더입니다."

"'HAZIRIMAM' 이 사람 이름입니까?"

"예."

"왜 써놓았습니까?"

"그분은 현재 프랑스 파리에서 살고 있는데 얼마 전에 이쪽 지방을 방문했습니다. 그래서 환영하기 위해서입니다."

"아, 그렇군요."

"훈자 사람은 무슬림 이스말리입니다. 남(南) 파키스탄과는 매우 다릅니다. 우리는 하루에 2번 기도합니다. 아침 이른 시각하고 저녁 8시에 합니다."

"아, 그래요. 얘기 들었습니다."

"우리는 라마단[25]이 없습니다. 해 있을 때는 밥 먹지 말라는 것은 있을

북부 파키스탄의 주요 산 이름과 그 높이(굴미트 콘티넨탈호텔에서 입수함.)

---

25) Ramadan, 회교력(回敎曆)의 제9월. 이달 중 회교도는 해가 있는 동안엔 단식함.

수 없는 일이죠. 배고프게……. 메카에도 가지 않습니다. 그게 뭡니까. 사람이 죽고."

"신문에 보니까 사람이 하도 많아 넘어지면 밟혀 죽곤 하던데요."

"그래요. 사람 많이 죽어요."

나는 여행 중 만나는 사람에게 꼭 이 질문을 한다. 이 숙소 주인에게도 예외는 아니다. 비록 그 질문은 필요 없는 우문(愚問)이긴 하지만 말이다.

"당신은 파키스탄에 태어난 것을 행복하게 생각합니까?"

"예. 그렇습니다."

"이곳 훈자가 매우 살기 좋은 곳이라고 생각합니까?"

"예. 살기에 아주 좋습니다."

"어떤 점이 살기 좋습니까?"

북 파키스탄 산의 봉우리 군. 마치 한 송이의 연꽃이 피어 있는 듯하다.

굴킨 빙하 트래킹 중에 보이는 산. 삼각형의 흰 산이 인상적이다.

"공기 좋고 조용하고……."

숙소에서 산 방향으로 가까운 곳에 어떤 건물이 지어지고 있는 중이었다. 보기에는 작은 학교 건물 같았다. 그것을 가리키며 또 물었다.

"저 건물이 무엇입니까?"

"호텔입니다. 중국 사람이 짓고 있습니다."

"경쟁이 세어지겠군요."

"그렇습니다. 저것 말고 저 아래에 또 호텔이 들어서고 있습니다."

"그러면 경쟁에서 이기기 위하여 당신은 어떻게 하겠습니까?"

"마케팅입니다."

“무슨 뜻입니까?”

“이슬라마바드에 있는 여행사와의 협력을 강화하는 것입니다.”

“그 다음은?”

“가격을 낮추는 것입니다.”

“그 다음은?”

“서비스 향상입니다.”

저녁식사를 마치고 늦게 숙소에 돌아오니 방에 전깃불이 들어오지 않았다. 스위치 아니면 전등이 고장났다고 생각하여 배낭에 있는 전등을 꺼내서 켜 들고 이리저리 살펴보아도 이상이 없었다.

방을 나와 2층에 있는 주인을 찾아갔다.

“방에 불이 안 들어옵니다.”

“불이 안 들어오는 게 아니라 전력(electricity)이 아웃입니다. 9시 반에 들어옵니다.”

방에 돌아와 침대에 누워 카세트 테이프 레코더를 틀었다.

9시 반이 지났다. 그런데 불은 들어오지 않았다. 10시가 넘었다. 그런데도 소식이 없다. 더 기다렸다.

2층에 또 올라갔다.

“9시 반에 들어온다는 불이 10시 20분이 되어도 안 들어오잖아요.”

“좀 기다리면 들어올 것입니다.”

“이런데도 당신은 훈자가 매우 살기 좋은 곳이라고 생각해요?”

“우리는 달빛을 즐겨요.”

밖으로 나왔다. 그리고 어제 보았던 하늘을 또 올려보았다. 거기에는 북두칠성이 또렷이 빛나고 있었다.

지식은 공짜가 아니다

새벽 5시에 일어났다. 길기트로 가는 마을버스를 타기 위해서이다. 이 버스가 카리마바드(Karimabad) 부근을 지난다.

카리마바드로 가는 정기노선의 대중교통 수단은 없었다. 인구가 적기 때문이다. 남쪽 방향으로 가려면 차를 렌트하거나 히치하이킹을 해야 한다.

당초 나는 여행을 계획하면서 이번 여행의 원칙을 정한 바 있다. 그것은 반드시 육로(陸路)로 가고 대중교통 수단을 이용하며 택시도 자제하는 것 바로 그것이다. 그래서 중국의 우루무치에서도 시내버스를 타고 이동했다.

가네시에서 마을버스를 내렸다. 저 위가 카리마바드이다. 걸어서 20~30분 정도 걸리는

▲ 카리마바드 교외의 평화로운 모습
◀ 카리마바드 교외에서 만난 노인(94세)

거리이다. 그곳까지 걸었다. 길가에 서 있는 아카시아는 꽃을 활짝 피어 놓고는 향기를 내뿜고 있었다.

길 옆 돌 위에 앉아 어제 먹다 남은 삶은 계란을 아침으로 먹었다. 차를 타고 지나가던 사람이 이상한 눈초리로 나를 바라보곤 했다.

나는 누구든지 한 시간 정도 걷는 것은 보통으로 알아야 배낭여행의 자격이 있다고 생각한다. 배낭이 좀 무거워도 말이다.

카리마바드는 이 훈자(Hunza)의 대표 마을이다. 그러니까 엄밀히 말하면 훈자는 굴미트, 카리마바드 등이 있는 이 일대 지역 이름이다. 그러나 사람들이 흔히 말하는 훈자는 이 카리마바드이다. 카리마바드가 옛날 훈자왕국의 수도였기 때문에 '카리마바드=훈자' 가 된 것이다.

훈자 지방을 방문하는 관광객들은 모두 이 카리마바드로 모인다. 따라서 이 소읍(小邑)은 항상 북적북적 거린다.

카리마바드의 첫인상은 혼란스러움과 평화로움의 혼재(混在)이다. 마을로 가는 외길은 혼란함이요, 눈을 들어 저 산 밑을 보면 평화로움이다.

길가엔 호텔과 식당, 기념품 가게 등이 무질서하게 늘어서 있다. 길은 좁고 거기에다가 인도와 차도의 구분이 없어서 사람과 차가 마구 다닌다. 포장이 가운데 밖에 되지 않아 차가 지날 때마다 흙먼지가 풀풀 날린다.

그러나 눈을 들어 저 산 밑을 보면 평화로운 전원 풍경이다. 등고선을 따라 평행하게 집들이 반듯하게 한 줄로 서 있다. 집 주변엔 푸른 나무가 무성하다. 집 중간 중간에 있는 밭에는 노인이 괭이질을 하고 있다.

눈을 더 들어 저 높은 산을 보면 위가 하얗다. 그 하얀 봉우리 옆에는 미녀의 검지를 옆으로 보는 듯한 레이디 핑거 피크(lady finger peak)가 있다. 사실 미녀의 기준이 어디에 있느냐고 사람들은 논란을 벌이곤 하지만 나는 손가락에 있다고 생각한다. 손이 예쁘면 무언가 여성스러움이 짙게 풍긴다.

기념품 가게를 기웃거리다가 어느 가게 앞에 이르렀다. 양복을 단정히 입고 있는 중년의 주인은 나를 보더니 들어오란다. 그 사람 관상을 보니 예사 장사꾼 같이 보이지 않았다. 진지해 보였다. 나는 문안으로 들어섰다.

"재패니스?"

"노. 코리안"

"어떻게 여기에 왔습니까?"

"중국에서 넘어왔습니다. 실크로드를 가고 있습니다."

"실례하지만 직업이 무엇입니까?"

"대학교수입니다."

"대학교수는 파키스탄에서 매우 존경받는 직업입니다."

카시미르의 양분된 모습

"그래요. 한국에서는 별로……."

이분이 나에게 호감을 사려고 그러는지는 몰라도 아무튼 기분은 나쁘지 않았다.

"전공은 무엇입니까?"

"호텔경영학입니다."

마침 이 시간은 영업하기에 좀 이른 시간이라 거리에 사람도 없었다. 가게 주인은 또 물었다.

"카리마바드에 온 소감은 무엇입니까?"

"다 좋은데 길을 가운데만 포장하고 옆엔 그대로 놔두어서 흙먼지가 펄펄 날려 걸어 다니기에 매우 불편합니다."

"그럴 것입니다. 정부에서 예산이 없어서 가운데만 포장했습니다."

"파키스탄 정부가 왜 돈이 없습니까? 핵무기도 개발하고 있는 것 같은데."

"국방비가 많이 들어갑니다."

"국방비요? 중국하고 싸울 겁니까?"

"아니요. 우리는 중국하고 매우 좋은 관계를 유지하고 있습니다. 문제는 인도(印度)와의 관계입니다."

"인도와 무슨 문제가 있습니까?"

"카시미르(Kashmir) 문제입니다."

"앗 참! 카시미르 문제가 있지요. 옛날에 영유권을 두고 인도하고 싸웠지요. 그래서 그런지 세계지도를 보면 파키스탄과 인도 양국 북부지방의 경계가 불분명합니다."

"예. 파키스탄에서 발간한 지도에는 카시미르를 파키스탄 땅으로, 인도에서 만든 지도에는 인도 땅으로 나타나 있습니다."

"이곳에서 파키스탄 지도를 보니까 그렇더군요."

"지금도 이 문제가 해결되지 않고 있습니다. 인도는 핵무기를 개발했습니다. 그래서 우리도 핵무기를 개발합니다. 인도가 무슨 무기를 개발하면 파키스탄도 그 다음날 개발합니다."

"군비 경쟁이 심하군요."

"그래서 우리 파키스탄 정부는 카시미르를 독립시키자고 인도에게 제안했습니다. 카시미르는 현재 둘로 갈라져 있습니다. 한쪽은 파키스탄이 지배하고 다른 한쪽은 인도가 지배합니다. 양쪽 카시미르도 독립을 원합니다. 그러나 인도는 한사코 반대합니다."

이분은 비록 기념품을 팔고 있는 사람이지만 시사에 밝고 또 현재에 대한 문제 의식을 가지고 있는 상식 있는 사람이었다.

나는 그런 사람을 좋아한다. 그저 돈만 밝히고, 돈 있으면 먹고 마시고 하는 사람보다는 외국인에게 무언가 지적 호기심을 불러일으킬 줄 아는 그런 사람이 좋다. 관광지에는 그런 사람이 필요하다고 나는 생각한다.

그분과의 대화를 통하여 나는 많은 것을 배웠다.

답례로 그분 가게의 많은 기념품을 팔아주었다. 지식은 공짜가 아니다.

일본에게 점령당한 훈자

훈 자가 일본에게 점령당했다고 말하면 좀 심한 표현일까. 하여튼 내 생각은 그렇다.

카리마바드에 와서 제일 먼저 눈에 띈 것은 일장기(日章旗)였다. 무슨 말인가 하면 마을 입구에 커다란 간판이 서 있는데 그 안에 일장기가 새겨진 것이다.

'아니 여기에 웬 일장기?'라고 속으로 말하며 그 간판에 적혀진 글을 보니까 일본이 돈을 대서 마을과 학교 그리고 역사 유적지 등에

카리마바드 입구에 서 있는 입간판. 일장기가 선명하다. 일본이 이 곳에 여러 가지 도움을 주었다는 글이 적혀져 있다.

상·하수도 시설을 비롯하여 여러 가지 생활환경 개선 작업을 했다는 것
이다.

뿐만 아니라 일본은 이 마을에 있는 대학과도 재정을 비롯한 여러 분야
에서 깊은 관계를 맺고 있었다.

거리에 있는 식당, 기념품 가게 등에는 모두 일본어가 병기되어 있고
자동차는 모두 일제(日製)다.

내가 지나갈 때 주민들은 나에게 '곤니찌와' 라고 했고 가게에서는 '이
랏샤이마세' 라고 했다. 동양인 같이 생기면 무조건 일본 사람으로 생각
하는 것이었다.

이곳에 오는 배낭여행객의 약 절반은 일본인인 듯 했다. 호텔 여기저기
에서 일본어가 들렸다. 한국인은 나하고 네덜란드에서 취업하고 있다가

카리마바드 대학 앞

여행 온 어떤 젊은 처자, 이렇게 해서 두 사람뿐이었다.

일본이 왜 이렇게 이곳에 집착하는지 나는 그 이유를 모르겠다. 혹시 이곳이 세계적으로 유명한 장수촌이고 일본이 장수국가인 관계로 서로 상통하는 점이 있어서 그런 것 아닌가 하는 생각이 든다. 일본 사람들이 이곳을 더욱 깊게 연구하여 더 오래 살아보자는 속셈인지도 모르겠다.

일본이 이곳에 깊게 진출하고 있는 것은 먼 장래를 보고 하는 일일게다. 지금 당장은 지출하고 있지만 길게 내다보면 플러스가 되기 때문일 것이다.

하지만 지금 당장 일본이 큰 재미를 보고 있는 게 있다. 그것은 자동차다. 파키스탄은 영국의 영향을 받아 좌측통행을 함으로 같은 좌측통행을 하고 있는 일제차는 파키스탄에 그대로 맞는다. 그래서인지 새 차는 물론 중고차도 다 일본차다. 베트남에 우리 중고차가 많듯이 말이다.

이지상 씨가 쓴 『실크로드 여행』이라는 책에 보면 파키스탄에서 같이 여행하던 한 일본인 남학생이 고열과 설사로 혼수상태에 빠졌을 때 그 지방의 한 병원에서 근무하고 있던 일본인 간호사가 그를 인근에 있는 일본병원센터로 급송하여 치료를 받게 해서 생명을 구했다는 이야기가 나온다.[26]

나는 이것을 읽고 '일본 사람이 세계 각 처 안 나가 있는 데가 없고, 또 제 나라 사람이라고 저렇게 도와주는구나.' 라는 생각이 들어서 부러웠다.

여하튼 우리도 국력을 더욱 키워서 세계 각지로 진출해야 한다.

나는 이 카리마바드 읍 전역을 천천히 걸으며 둘러보았다. 옷가게, 야채가게, 이·미용실, 문방구점, 학교 등은 물론 민간인 집도 보았다. 민간인 집을 보니까 사는 게 모두 우리와 비슷하다. 거기엔 우리와 같은 희로

---

26) 이지상, 전게서, pp.291~295.

카리마바드 읍내 우리나라 태권도 도장의 벽에 적힌 안내문

애락이 있어 보였다.

거리를 걷는 중 어느 집 담벼락에 눈에 익은 글자가 보였다. 'Korean Tae Kwon Do' 라는 글씨였다. 매우 반가웠다. 읽어보니 한국태권도 배우러 오라는 내용이다.

'그렇지. 우리도 일본한테 질 수 없지. 우리도 이 곳에서 한 건 하는 거야.' 라고 생각하며 옛날에 익혔던 태권도 주먹쥐기를 다시 한번 해 보았다.

늦게 점심을 먹기 위해 어느 식당에 들어갔다. 그곳에서 며칠 전 같이 쿤제라브 고개를 넘어왔던 중국인을 만났다. 40대로 보이는 그 여자는 중국인 일곱 명을 인솔해서 여기에 온 것이다. 그 여자는 이 지역 사정에 어느 정도 밝으며 영어도 썩 잘했다.

나는 내가 쿤제라브 고개를 넘어오면서 본 그 길처럼 보인 것이 옛길 맞는지 검증받고 싶었다. 그래서 그 여자에게 물었다.

"며칠 전 우리 같이 고개 넘어올 때, 나는 산벼랑 중간에 무언가 길 같은 것을 보았는데, 그게 옛날에 사람들이 다니던 본디 길 맞습니까?"

"예. 맞습니다. 그게 캐러번 살라이(caravan salai)입니다."

"'살라이'가 무슨 뜻입니까?"

"그룹(group)이란 뜻입니다. 무슬림어(語)입니다."

점심을 먹은 지 얼마 되지 않아 배가 꺼지게 할 겸 마을 주변을 쏘다녔다. 마을 옆 언덕에 있는 공동묘지에도 가 보고 그 넘어 밭에도 가 보았다.

저녁 무렵에 숙소로 돌아오는 도중에 여러 명의 나이 먹어 흰머리가 보이는 일본인 남녀가 트래킹을 마치고 돌아오는 모습을 보았다. 남자는 차

굴미트와 카리마바드 간의 카라코람 하이웨이가 저 멀리 보인다. 말이 하이웨이지 험준한 산길이다.

치하고 저렇게 나이 먹은 할머니들도 트래킹을 하는 일본인의 모습을 보고 충격을 받았다.

반면에 우리 한국할머니들은 어떠한가. 기름기 번지르르한 여행만 좋아하지 않은가. 나는 그다지 나이가 많지 않은 초로(初老)의 할머니들 까지도 온천여행을 고집하는 것을 보면 속이 뒤집힌다. 다 그런 것은 아니지만 유럽이나 일본인 할머니들보다는 덜 모험적이라고 나는 생각한다.

숙소에 도착하니 해는 서산에 기울었다.

밤이 되니 나이를 먹은 듯한 근엄한 사람의 떨리는 목소리가 이 산중마을의 고요함을 깨뜨리기 시작했다.

"알라 후 아끄바르(알라는 위대하시도다.[27]).

앗쉬하두 알라 일라 하 일랄라(나는 알라 이외에 신이 없음을 증언하노라.).

앗쉬하두 안나 무함마다르 라쑤 룰 라(나는 무하마드가 알라의 사도임을 증언하노라.).

하이야 알랏 쏼라(예배보러 올지이다.)."

그 소리를 들으니 초등학교 시절에 라디오에서 들은 이승만 대통령의 떨리는 목소리가 생각났다.

"구웅민 여어러분……."

---

27) 이지상, 전게서, pp.224~225.

훈자는 지금 돈벌이 중

카리마바드 거리는 여타의 관광지와 똑같이 여러 종류의 업소가 늘어서 있다. 호텔, 식당, 기념품가게는 물론이고 여행사, 피시방, 등산구점, 환전소, 전화방, 슈퍼마켓 등 종류도 다양하다.

또한 거리 곳곳에서 많은 건물이 신축 중이었다. 기존의 건물들도 확장하느라 여기저기 뜯기고 붙이어지고 있었다. 모두 숙박업소이거나 식당 그리고 기념품가게들이다.

그래서 도로에는 시멘트 가루가 날리고, 어떤 곳은 공사장에서 나온 물로 축축하여 다니기가 매우 불편하다. 세계 각국에서 관광객이 모이니 이 찬스를 놓칠 수 없다는 것일 게다.

레이디 핑거 피크를 비롯하여 여러 산봉우리들을 카메라에 담기 위하여 이리저리 다니고 있을 때 한 중년 남자가 다가와서는 자기가 레이디 핑거 피크를 가장 잘 나오게 찍을 수 있는 장소를 안다면서 돈을 주면 안내해 주겠다고 말하기도 하였다.

　마을 뒤 제일 높은 곳에 위치한 발티트 포트(Baltit Fort)의 입장료는 꽤 비쌌다. 지금 기억으로는 300루피였다. 그래서 그런지 입장객이 거의 없어 한산했다.

　나는 어느 도시에 가면 그곳이 크든 작든 인구가 얼마나 되는가를 주민에게 묻는 버릇이 있다. 사실 인구 규모를 알아봐야 별로 필요도 없는데 말이다.

　전화방에서 국제전화를 마치고 주인에게 물었다.

　"카리마바드의 인구는 얼마나 됩니까?"

　"2만5천에서 3만 사이입니다."

　"호텔은 약 몇 개입니까? 게스트 하우스, 인(inn) 모두 합쳐서."

　"10개 정도입니다."

　"훈자 지역 업소들의 영업은 잘 됩니까?"

　"10월에서 3월까지는 손님이 없습니다. 춥고 눈이 많이 오기 때문입니다."

　"아, 쿤제라브 패스가 폐쇄되기 때문이겠군요."

　"4월에서 9월까지가 성수기입니다."

　"주민들이 관광업소에서 일 많이 하지요?"

　"주민 중 10%가 관광관계 업소에서 일합니다."

　호텔에 돌아와 보니 주인이 혼자 텔레비전을 보고 있었다. 나는 그 전화방 주인보다는 실제로 관광업소를 운영하고 있는 이분이 이곳 현황을 더 잘 알 것이라고 생각하여 전화방 주인에게 한 것과 똑같은 질문을 했다.

　"카리마바드의 인구는 얼마나 됩니까?"

　"5만입니다."

　"전화방 주인은 2만5천에서 3만 정도라고 하던데요."

　"아니요, 5만은 됩니다."

"호텔은 약 몇 개입니까? 게스트 하우스, 인 모두 합쳐서."

"음……. 하나 둘 셋……, 약 20개입니다."

"전화방 주인은 10개라고 하던데요."

"아니요. 20개는 족히 됩니다."

"주민의 약 몇 프로가 관광업소에서 일합니까?"

"5만 명의 주민 중 남자는 약 3만 명이고, 그 중 절반 그러니까 약 1만5천 명이 관광관계 업소에 고용되어 있습니다. 평균 한 집에 한 사람은 관광업소에서 일하고 있습니다."

"10월에서 3월까지는 손님이 없다면서요."

"누가 그런 소리를 해요? 이것 보세요. 손님이 없나."

호텔 주인은 약간 상기된 표정으로 숙박장부를 나에게 보여 주었다. 그 숙박장부에는 월별로 숙박자 명단이 국적과 함께 적혀 있었다.

숙박장부를 찬찬히 들여다보니 전화방 주인이 손님이 없다던 기간에도 손님이 꽤 있었다. 더구나 혹한기인 1월과 2월에도 방문객은 꾸준히 있었다. 다만 그 수가 좀 적었을 뿐이다. 그 숙박자 명단에는 우리 한국인의 이름도 간혹 보였다.

그러면 양자의 말 중에서 누구 말이 맞는가. 관광객 내방의 건은 호텔 주인이 케이오 승했고 인구와 호텔 수의 문제는 팽팽하다. 하지만 나는 역시 호텔 주인쪽의 손을 들어주고 싶다.

나는 혼자 울타(Ultar) 트래킹에 나섰다가 매우 위험한 경험을 했다. 산속을 걷고 있는데 어디서 탕하는 총성이 났다. '이 산중에 웬 총성이야. 근처에 사격장이 있나?' 하고 생각하며 계속 걸었다. 잠시 걷다가 계곡을 내려다 보니 어떤 젊은이가 '앞에총' 자세로 소총을 들고 올라온다. 나는 곧 그와 마주쳤다. 그는 마른 체격에 얼굴은 날카로웠다. 나는 표정을 가

울타 트래킹 코스 중에서

다듬고 물었다.

"유 숏 버드?"

"(무응답)"

"유 헌팅?"

"예스. 재팬?"

"사우스 코리아."

그 남자는 나를 한 번 더 보더니만 아무 말도 없이 계곡으로 내려갔다.

나는 다시 걸었다. 그랬더니 저 계곡 아래에서 또 탕하니 총소리가 났다. 계곡을 내려보니 아까 왔던 그 남자가 또 총을 쏘고 있는 것이었다. 나는 겁이 났다. '저 놈이 헷갈려서 나를 쏘다간 인생 끝이겠구나.' 하는 생각이 들었다. 해서 나는 가던 트래킹 길을 중단하고 되돌아서 쏜살같이 내려 왔다. 오늘 파키스탄 산정(山情) 팍 떨어졌다.

마을에 거의 다 와서 한 노인을 만났다.

"재팬?"

"코리아."

"어디 갔다 옵니까?"

"산에 갔다 옵니다."

"혼자?"

"예."

"혼자는 위험합니다. 지금 눈이 녹아 계곡길이 없어졌습니다. 더구나 말도 안 통하는데, 반드시 가이드와 동행하세요."

"예. 길이 없어요."

숙소로 돌아와 저녁밥을 먹고는 침대에 누워 아까 산에서 있었던 일을 곰곰이 생각해 보았다. '도대체 저 총 쏜 녀석이 뭐하는 놈이야? 새도 없고 짐승도 없는데 사냥은 무슨 사냥.'

밤이 되자 어제 그 소리가 또 이 산간 마을에 울려 퍼졌다.

길기트는 관광도시로
태어날 수 있을까?

길기트(Gilgit) 버스터미널은 매우 혼잡했다. 이 길기트는 북부 파키스탄의 경제, 행정, 교통 등의 중심지라고 한다. 그런데 도대체 질서가 없다. 사람들이 왜 이런가 싶었다.

스즈키[28]를 타고 마디나(Madina) 호텔에 도착했다. '웰캄 차이'라고 하며 지배인이 차를 내놓으면서 반긴다. 이번 여행 중 호텔에서 차를 대접받기는 이것이 처음이다.

이 지배인의 언행을 보니까 이분은 무언가 호텔 서비스에 대하여 아는 것 같았다. 호텔업계 내지 관광업계에 오래 몸담고 있는 분임에 틀림없다는 생각이 들었다. 몸에 직업정신이 우러나왔다.

---

28) 봉고차 크기의 트럭을 개조하여 버스처럼 여러 사람이 탈 수 있도록 한 차. 대개 일본의 스즈키사(社) 제품이기 때문에 이름이 아예 스즈키가 되어 버렸음.

혜초의 『왕오천축국전』에 의하면 이 길기트 지방은 옛날엔 소발률국(小勃律國)으로 불렸다. 혜초 스님은 대발률국에서 이곳으로 왔다가 간다라 지방으로 간 것이다.[29]

호텔에 여장을 풀고서는 카르가 마애불을 보러 간다고 지배인에게 말했다. 나는 이 지방에 마애불이 있다는 것을 이지상 씨의 여행기를 통해 익히 알고 있었다. 혜초도 다녀간 지방이기 때문에 나는 이번 여행 중에 길기트에 오면 반드시 이 마애불을 보아야겠다고 출발할 때부터 결심했다.

출발하려고 하는데 옆에 있던 지배인이 따라 나선다.

"나도 가겠습니다. 아직 그 마애불을 한번도 못 봤지요."

"그래요. 같이 갑시다."

"택시를 탈까요? 스즈키를 탈까요? 스즈키를 타면 20분 정도 걸어야 할 겁니다."

나는 '육로, 대중교통, 택시 자제'라고 하는 이번 여행 원칙을 또 생각해냈다.

"스즈키를 탑시다. 좀 걷죠. 운동도 되고 좋지요."

"좋아요. 나도 이 배 좀 들어가야 돼요."

지배인은 별로 나오지도 않은 자기 배를 가리키며 말했다.

우리는 부지런히 걸어서 스즈키 타는 곳에 도착했다. 그런데 거기에서 스즈키 운전기사와 지배인이 매우 반갑게 악수하며 웃어댔다. 둘은 친구 사이인데 상당 기간 동안 못 만났다는 것이다.

스즈키는 포장이 되다 말다 한 꾸불꾸불한 마을길을 털털거리며 갔다. 어떤 데는 길 밑이 낭떠러지이다. 중간 중간 사람을 내려놓고는 산기슭으

---

29) 정수일 역주, 전게서, pp.272~277.

로 얼마간 달리더니만 내리란다.

차에서 내려 몇 발자국 걸으니 산이 앞을 막고 있는데 그 산 중간쯤에 마애불이 있었다.

원래는 스즈키가 저 밑 마을까지만 오게 되어 있는데 지배인의 친구인 그 기사가 고맙게도 여기까지 우리를 태워준 것이다.

마애불에 이르는 길은 현재 확장 공사 중이라 어수선했다. 마애불 앞 작은 골짜기의 물은 홍수로 물이 불었고 물살은 셌다. 골짜기를 건너는 다리가 현재 진행 중인 도로확장 공사와 더불어 곧 건설될 것 같이 보였다.

계곡을 건너 마애불 밑까지 가려했으나 수위가 높아 단념했다.

곧 지배인의 설명이 시작되었다.

"지금 이곳 도로를 확장하는 중입니다. 저 마애불 보러 오기 편리하게 하기 위해서지요. 동시에 저 위에 건설되는 주택단지를 위한 것입니다."

"아, 그래요."

"길기트 행정부에 관광전담부서가 작년에 생겼습니다."

"아이구. 잘 됐군요."

"그 새로운 관광과장이 이곳에 길도 내는 등 길기트의 관광산업을 위해 여러 가지 사업을 하겠다고 약속하였습니다."

"그래요. 우리나라에도 행정기관에 관광과 있어서 여러 사업을 벌리곤 합니다. 저 마애불은 언제 조성되었습니까?"

"천이백년 전입니다. 그때는 인도와 파키스탄이 불교 지역이었습니다만 지금은 이슬람입니다."

"왜 그렇게 됐습니까?"

"역사는 변하는 것입니다."

마애불을 보니 갑자기 불교란 참 묘한 데가 있는 종교란 생각이 들었

다. 굴을 파고 또 바위에 불상을 새기는 등, 다른 종교에서는 하지 않는
좀 독특한 행위를 한다.

언젠가 경주 남산에 대한 설명을 텔레비전에서 본 기억이 난다. 신라인
들은 바위 속에 부처님이 있다고 생각하여 돌을 쪼아냈다는 것이다.

현재도 우리나라 어떤 스님들의 소식을 들어보면 '토굴에서 수행 중이
다.' 라고 하는데 진짜로 흙 속 토굴은 아니겠지만, 여하튼 굴을 파는 전
통은 우리나라에서 면면히 이어지고 있는 것이 아닌가 하는 생각이 든다.

이슬람교를 믿고 있는 지배인 옆에서 나는 마애불을 향하여 합장하고
허리 굽혀 삼배를 올렸다. 지배인은 조용히 서 있었다.

스즈키 기사는 가지 않고 기다려 주었다. 고마웠다. 스즈키를 향하면서
다시 한번 뒤 돌아 본 마애불, 표정은 역시 전과 동.

길기트 시내로 돌아와서 우리는 강가를 산책했다. 강에는 누런 황톳물

길기트 강을 가로지르는 쌍둥이 다리. 길기트 강은 인더스 강 상류에 있는 한 지류(支流)이다. 이 지역이
경사가 급한 산악지대인 관계로 강물이 흰 물결을 지으며 세차게 흐른다.

이 성난 듯 세차게 흐르고 있었다. 카리마바드에서 여기까지 오면서 본 하천 물이 모두 누렇다. 산에서 눈 녹은 물이 푸석푸석한 흙을 품고 흐르다 보니 저런가 보다. 그러고 보면 우리나라 하천은 참 깨끗한 편이다. 딱딱한 화강암이 고맙다.

강변 경치 좋은 곳에 벤치가 있고 간단한 경기를 할 수 있는 공간과 산책코스도 마련되어 있다. 이 시설도 이번에 신설된 관광과에서 설치했다고 지배인은 말했다.

지배인과 나는 계속 걸었다. 저녁이 되자 길기트 시가는 한산해지기 시작했다. 나는 이야기를 시작하였다.

"거리가 한산하군요. 카리마바드는 관광객이 많은데 길기트는 관광객이 별로 없는 것 같아 보이네요."

"그렇습니다. 그래서 문제입니다."

"관광도시가 되려면 밤에 무슨 유흥이 있어야 돼요. 술 마시는 집도 있고, 춤추는 집도 있고, 게임장도 있고 해야죠."

"음……. 예."

"방콕을 보세요. 뉴욕을 보세요. 돈 잘 벌지 않습니까. 특히 방콕은 돈 엄청나게 많이 법니다."

"1977년 이전까지는 나나플라자가 있었습니다. 그런데 군사정부가 들어서면서 폐지되었습니다."

"나나플라자가 무엇입니까?"

"야간유흥의 장소입니다."

"그러면 길기트에 그것을 다시 만들면 되지 않습니까."

"길기트 시에 자치권이 없습니다."

"그래도 여건이 허락하는 범위 내에서 무언가 할 수 있는 일을 찾아 해

길기트 종합버스터미널에 서 있는 나트코 버스

야죠.”

　“공무원들이 일을 잘 안 합니다. 그냥 편하게 앉아서 시간 보내고 봉급
만 받으려고 해요.”

　지배인과 이야기하는 사이에　어느덧 호텔에 도착했다.

　저녁에 라왈핀디 가는 NATCO[30] 버스표 예매를 위하여 종합버스터미
널에 다녀올 때 호텔의 어느 젊은 종업원이 동행해 주었다. 그 종업원은
20대로 보였으며 키가 큰 편이고 얼굴은 거무스레했다. 나는 시침 꾹 떼
고 물었다.

　“여자들이 왜 스카프를 쓰고 다니죠?”

---

30) Northern Areas Transport Corporation

마니다 호텔 앞 거리의 모습

“남자들이 얼굴을 보지 못하게 하기 위해서입니다. 결혼한 여자도 남편 외에는 자기 얼굴을 보지 못하도록 하기 위해서입니다.”

“얼굴을 좀 보면 어때? 무슨 일이라도 일어나?”

“여자 얼굴을 보면 남자들이 성욕이 일어나서 문제가 되지요.”

“여자들이 처음부터 가리지 않고 다녀서 남자들이 죽 보아 왔다면 아무 일도 안 일어나. 한국이나 일본 같은 동양에서는 여자들이 안 가리고 다니지. 그래도 아무 일 없어.”

“파키스탄에서는 여자들이 밖에서 활동하는 것도 금합니다. 다른 남자들이 보면 안 되니까요.”

그러고 보니 굴미트에서 카리마바드를 거쳐 여기에 오는 동안에 호텔이고 기념품 가게고 진화빙이고 힐 짓 없이 여자 종업원을 본 직이 없다.

주방에서 음식을 만드는 사람도 남자였고 기념품 가게의 점원도 남자였다. 여자들은 단 한 사람도 안 보였다.

여러 가지 정황으로 살펴볼 때 이 길기트 시는 관광산업을 일으키기에 어렵지 않나 하는 생각이 든다.

그 이유는 우선 여성의 사회활동과 음주를 금지시키고 있는 이 나라의 이슬람 문화에 있다. 여성들의 사회활동을 금지시킨다는 것은 말하자면 여성 인력을 활용하지 않는다는 이야기이다.

세상 사람들의 반이 여성이다. 또한 관광산업은 인적 서비스 산업으로서 여성들에게 매우 적합한 면이 많다. 그러함에도 불구하고 그들 여성을 활용하지 않는다는 것은 자동차를 한쪽 바퀴로 운행시키려고 하는 것과 같은 꼴이 되고 마는 것이다. 한쪽 바퀴로 굴러가는 차는 세상에 없다. 일본은 전후(戰後) 패전(敗戰)의 잿더미에서 여성들의 힘으로 다시 일어났다고 한다.

술 또한 그렇다. 솔직히 말해서 이 세상에 술 없는 관광지가 어디 있는가. 술 없는 관광지는 없다. 관광객이 집을 떠나서 타 지역에 오면 긴장도 되는 한편 무언가 허전한 느낌도 들고 해서 술을 찾는 것이다. 관광지에서는 술도 마시고 노래도 부르고 게임도 하고 하는 것이지 무슨 수도승 마냥 입 다물고 있을 수는 없는 노릇이다.

다음은 독특한 관광상품이 없다는 점이다. 이에 비하여 가까운 거리에 있는 카리마바드는 '장수촌 훈자'라고 하는 관광브랜드가 있다. 거기에다가 카리마바드는 옛날 훈자 왕국의 수도였던 만큼 유적지도 많다. 가까운 거리에 월등한 비교 우위의 카리마바드가 있으니 게임이 안 된다.

카리마바드에는 전 세계의 많은 사람들이 몰려온다. 도대체 장수마을이 어떻게 생겼고 또 그 지역이 어떻게 해서 장수촌이 되었는지 등을 알고 싶어하기 때문이다. 겸하여 관광객들은 유적지도 둘러보고 트래킹도 즐긴다. 그래서 길기트 시는 실크로드의 길목에 있으면서도 관광객을 카리마바드에 다 뺏기고 있다.

길기트 시 행정당국의 의식 부족도 문제이다. 공무원들이 무사안일하다고 한 지배인의 말이 수긍이 간다. 며칠 전 입국심사를 받을 때도 심사관은 연실 옆 사람하고 잡담을 해댔다.

관광객의 유흥(遊興) 욕구를 충족시켜줄 곳도 마련하지 않았고 시가지(市街地)도 정비해 두지 않고 있다. 그러니 관광객이 올 리가 없다. 다만 이 길기트가 교통의 요지인 만큼 거쳐 가는 관광객만 있을 뿐이다.

길기트시는 크게 변하지 않으면 관광도시가 될 수 없다고 나는 생각한다. 과연 길기트는 관광도시로 태어날 수 있을까.

이슬람교와 불교의 접합점

지난밤엔 매우 잘 잤다. 아침에 일어나니 몸이 거뜬했다. 밖으로 나오니 부지런한 지배인은 벌써 출근하여 정원에 앉아 있었다.

어제의 대화 내용을 보아 그와는 말이 통할 것 같아서 나는 그에게 또 말을 걸었다. 지배인의 표정은 과히 싫지 않은 듯 했다. 오히려 그는 대화를 즐기는 사람이었다.

"길기트 인구가 얼마나 됩니까?"

"약 12만명입니다."

"그런데 어제 보니까 시내에 경찰인지 군인인지, 하여튼 그런 비슷한 사람들이 많던데요."

"2년 전에 이곳에서 수니하고 시아하고 싸웠습니다. 그래서 많은 사람들이 죽거나 다쳤습니다."

"왜 싸웠습니까?"

"그들은 미친놈들입니다. 사람들은 여자(woman), 땅(land), 그리고 돈

(money) 때문에 싸웁니다.”

“여자, 땅, 돈, 하하…….”

“그래요. 그것 때문에 싸웁니다.”

“새벽에 무슨 큰 음성이 들리던데요.”

“아, 그 소리 들었어요. 기도하러 오라는 소리에요.”

“새벽에 그런 소리를 내면 새벽잠을 깨우니까 나쁘지 않습니까. 한국에서는 새벽에 무슨 큰 소리를 내는 것을 금지하고 있는데요.”

“아, 그래요. 우리는 못 들어요. 그 소리가 있는지 없는지 의식을 못합니다.”

마당에 있는 텔레비전에는 양복 입은 사람들, 파키스탄 전통 복을 입고 있는 사람들, 군중의 모습이 번갈아 비추어지고 있었다. 지배인은 그 장면을 가리키며 말했다.

“저것 보세요. 저기는 라호르인데 사법부 사람들하고 정부하고 2개월째 싸우고 있는 중이에요.”

“왜 싸웁니까?”

“음……. 권력 다툼이죠.”

“파키스탄하고 아프가니스탄은 사이가 좋은가요?”

“좋지도 않고 나쁘지도 않아요. 아프가니스탄은 이슬람 원리주의를 고집하는데, 좀 심하죠. 그래서 우리는 별로 안 좋아해요.”

“아프가니스탄은 내가 생각해도 너무 심하게 이슬람을 주장하는 것 같습니다.”

“아프가니스탄 사람들은 매우 가난합니다. 옷도 없습니다. 어떤 물건이든지 미국이 개입된 것이라면 거부합니다. 미국과 관련된 물건은 일체 받아들이지 않습니다.”

“그것 참 이상하네. 왜 그래?”

자마 모스크 앞 거리 모습. 길기트 시에서 가장 번화한 곳이다.

"미국이 싫다는 것입니다. 미국도 문제입니다. 아프가니스탄 사람들을 이간질해서 분열시켜 서로 싸우게 합니다. 러시아도 마찬가지입니다. 전에 아프가니스탄을 침공한 일이 있지요."

나는 이곳 사정을 잘 알지 못하기 때문에, 그리고 혹시 잘못 말했다가는 서로 상처가 생길까봐 잠시 입을 다물고 있었다.

지배인은 말을 계속했다.

"모하메드가 알라에게 세상의 모든 사람들이 이슬람 한 종교를 믿게 해 달라고 말했더니 알라 왈 '노. 다른 사람들은 다른 종교를 믿도록 놔 두어라(Let others believe other religion.).'라고 말했답니다. 그런데 미국은 전 세계를 똑같이 자본주의로 만들려고 해요. 세상의 모든 나라가 자본주의가 될 수 있겠습니까?"

"아, 그래요? 알라가 그런 말을 했어요? 그런데 옛날에 내가 학교에서 배우기를 이슬람은 한 손에 코란, 한 손에 칼을 들고 믿을래? 죽을래? 했다고 하던데요."

"아닙니다. 우리는 평화를 사랑합니다."

"하기야 나도 한국 신문에서 그것은 서양 사람이 지어낸 이야기일 거라
는 기사를 본 기억이 납니다."

갑자기 지배인은 자기 집안 얘기를 하나 했다.

"제 친척 중에 4명이 일본 여자와 결혼을 했고, 한 명이 한국 여자, 한
명이 호주 여자하고 결혼했습니다."

"아아, 그래요. 당신 집안은 유엔 패밀리(UN family)군요. 그러면 그
사람들 다 어디 살아요?"

"모두 여자네 나라에서 살지요."

"파키스탄에 안 살아요?"

"예."

그래서 그런지 지배인의 지금까지의 태도를 보면 그는 이슬람에 푹 빠
져있지 않았고 개방적이며 국제적인 마인드를 가지고 있었다.

이때에 뉴스 시간인지 부시 대통령 얼굴이 텔레비전 화면에 크게 떴다.
지배인이 그를 가리키며 말했다.

"저 사람, 문제입니다."

나는 이제 실크로드 여행으로 이곳 파키스탄까지 왔으니까 언젠가는
여기에서부터 이란이나 아프가니스탄으로 가야하므로 그 정보를 얻기 위
해 질문했다.

"파키스탄에서 육로로 아프가니스탄 가는 차가 있습니까?"

"예. 페샤와르에서 버스가 있습니다."

지배인은 무슨 일이 생겼는지 잠시 자리를 떴다. 나는 그 지배인 옆에
앉아 있는, 전날 시내 외출에 동행 했던 종업원에게 말을 걸었다.

"파키스탄에 태어난 것을 행복하게 생각해요?"

"예. 그렇습니다."

"무슬림이지요?"

"예. 여기 사람은 다 무슬림입니다."

"이슬람교가 무엇이 좋아?"

"이슬람교를 믿으면 좋은 일을 많이 하게 됩니다. 사람이 죽으면 신(神)이 심판합니다. 살아 있을 때 선한 일을 많이 했으면 천당에 가고 나쁜 일을 많이 했으면 지옥에 갑니다."

"그게 확실해? 그걸 믿어? 신이 확실히 심판을 해?"

"예. 확실합니다."

"만약 신이 실수로 심판을 잘못하면 어떻게 하죠?"

"그런 일은 절대로 없습니다."

"왜 없어. 거기에 무슨 성능 좋은 컴퓨터라도 있어?"

"(웃음) (침묵)……. 신은 절대로 실수를 하지 않습니다."

"신도 실수할 것 아니야?"

"사람의 양 어깨 위에는 천사가 있습니다. 오른쪽 어깨 위에 있는 천사는 그 사람의 착한 행동을 기록하고 왼쪽 위에 있는 천사는 악한 행동을 기록합니다. 기록이 확실히 있기 때문에 실수는 없습니다."

그 얘기를 들으니까 전에 어디서 보았는지 아니면 누구한테 들었는지 확실하진 않지만, 히말라야 지방에는 '사람들이 하는 말이 모두 하늘로 올라가 그곳에 기록된다.'고 하는 사상이 있다는 것이 머리에 떠올랐다.

그렇다. 사람의 언행은 참으로 무서운 것이다. 그것은 누가 보든 듣든 남는 것이다. 그래서 그것은 그 사람의 차후(此後)를 결정짓는다. 그러한 사상은 불교의 업(業) 내지 인과응보의 이론과도 상통한다고 나는 생각한

길기트 시 이타드(Itthad)거리 표정

다. 다만 표현 방법이 다를 뿐이다. 즉 불교에서는 어떤 절대자가 있어 벌을 준다고 하는 일종의 겁주는 방식으로 이야기하지 않을 뿐이다. 불교에서는 그냥 '자연의 이치' 라고 말한다.

고속도로에서 운전을 할 때 보기 싫은 3가지 모습이 있다. 그것은 창문을 내려 담뱃재를 털고 꽁초를 버리는 모습, 분기점에서 타 도로로 진입하려고 줄 서 있는데 저 앞에서 차머리를 디밀고 끼어드는 모습, 그리고 차선을 이리저리 바꾸며 과속하는 모습이다. 특히 꽁초 버리는 행위는 불인견(不忍見)이다. 나는 창밖으로 담뱃재와 꽁초를 버리는 사람을 보면 '저 사람, 앞으로 늙으면 거리에서 꽁초 줍는 청소부가 될 거야.' 라는 생각이 든다.

모든 종교가 다 착한 일을 하라고 가르친다고 나는 생각한다. 다만 그 방법이 다를 뿐이다. 신(神)을 믿는 종교는 신의 심판이 따른다고 하고 불교는 우주의 이치의 작용이라고 한다.

나는 다짐했다. '오늘 이후 인행에 좀더 신중해야지.' 라고.

코리안 드림을 꿈꾸는 사나이

나트코 버스는 밤새도록 덜컹거렸다. 길이 말이 하이웨이지 꾸불꾸불 울퉁불퉁하다. 그 길을 두 운전기사가 교대로 운전을 했다. 천정에서는 파키스탄 노래가 귀를 찢었다.

한참을 가다가 버스가 섰다. 비번(非番) 기사가 나에게 와서는 내리란다. 내려서 간 곳은 군(軍) 초소, 그곳에서 인적사항을 적었다. 그런데 그 초소 안이 컴컴해서 글자를 적을 수가 없었다. 해가 넘어 간지 오래인데 전깃불이 안 들어와 있었던 것이다. 그래서 밖으로 나가 희미한 저녁노을 속에서 군인이 지시한 항목을 간신히 적었다.

북부 파키스탄은 인도와 영유권을 다투고 있는 카시미르 지역이기 때문에 그곳에서부터 오는 모든 차량은 검문을 받아야 한다는 말을 전에 어떤 사람으로부터 들은 기억이 났다.

그런데 그 중요한 국방의 임무를 수행하고 있는 군 초소에 전깃불이 들어오지 않았다. 참 이해가 가지 않는 일이다. 내가 여기 어두운데 왜 전깃불이 없느냐고 물어도 대답이 없었다.

이곳 파키스탄에 와서 죽 전깃불 파동을 겪었다. 굴미트에서도 그렇고 카리마바드에서도 그러했다. 파키스탄이 전기 사정이 나쁜 것은 틀림없는가보다. 파키스탄은 석유도 생산되고 얼마 전에는 핵무기도 만든다고 하던데 왜 그런지 모르겠다.

그러고 보면 우리 한국은 전기를 남용하는 게 아닌가 하는 생각이 든다. 수도권 신도시의 일부 아파트들은 옥상 주위에 쓸데없이 울긋불긋한 색깔을 내는 전깃불 테를 두르고 있다. 요즈음엔 빛의 축젠가 뭔가 해서 또 에너지를 낭비하고 있다. 우리가 피 땀 흘려 버는 돈의 상당 부분이 석유 구입비에 들어간다고 한다.

물론 파키스탄과 같은 수준이 되어서는 안 되겠지만, 낭비도 없어야 한다. 국민들 모두가 에너지 절약에 마음을 합치면 좋겠다.

버스는 네 번 정도 쉬었다. 화장실 가고, 기도하고, 저녁을 먹기 위해서였다. 그런데 이 사람들 희한하다. 쉬겠다는 안내말도 없고, 몇 분 쉬겠다는 말도 없고, 몇 시 몇 분에 출발하겠다는 말은 더더욱 없었다. 그냥 알아서 쉬어야 했다. 버스 기사는 버스에 오르자마자 그냥 출발했다.

쉬는 시간에 밖을 나와서 하늘을 보니 별이 총총했다. 북두칠성이 더욱 빛났다. 내가 자꾸 하늘을 쳐다보니까 옆에 있던 파키스탄 사람들이 막 웃었다. 나는 어렸을 때 보고서는 지금까지 보지 못했던 저 별들이 반짝이는 하늘을 보고 있는데 파키스탄 사람들은 이런 내 모습이 이상하고 신기했던 모양이다.

드디어 핀디에 도착했다. 도시가 무척 시끄럽고 혼란스러웠다. 도로에 나서니 정신이 없다.

호텔에 체크인할 때 나는 한껏 우리나라를 자랑했다. 프런트 클락 주변

모스크가 있는 라왈핀디 거리

에는 파키스탄 남자 3명이 있었다.

"재팬?"

"코리안."

"노스? 사우스?"

"어브 코우스, 사우스. 북한은 경제가 약해서 국민들이 해외여행을 못 합니다. 남한은 경제가 강해서 나같이 여행을 할 수 있습니다."

"음……. 예. 우리도 압니다."

나는 오버했다.

"사우스 코리아 경제력은 강해서 국책은행에 돈이 매우 많습니다. 그래서 정부는 국민들한테 해외로 많이 나가서 돈을 쓰라고 합니다. 따라서 남한 사람들은 해외여행을 많이 합니다."

모스크에서 무슬림들이 예배를 드리고 있다.

이 말을 듣자 주변에 있던 파키스탄 사람들은 매우 부러운 표정을 지으며 고개를 끄덕거렸다.

이번 실크로드 여행기간 동안에 먹었던 여러 음식 중에서 입에 맞는 음식은 그리 많지 않았다. 그런데 양고기 꼬치구이인 시시케밥만큼은 맛있었다. 그래서 어디에 가든 시시케밥을 찾아 나섰다.

전날 밤을 새우며 17시간 이상을 달려온지라 배가 몹시 고팠다. 시시케밥을 먹을 요량으로 그것을 찾아 헤맸지만 실패했다. 그래서 햄버거를 먹겠다고 KFC나 맥도날드점을 찾아봤지만 허사였다. 혹시 파키스탄과 미국의 사이가 안 좋아서 그런가 하는 무식한 생각도 해 보았다. 나중에 안 일이지만 라호르에는 KFC가 있었다.

저녁 때 시시케밥 집을 찾아서 들어갔다. 식사를 거의 마칠 무렵 어떤 남자가 옆으로 다가왔다. 나이는 30대 초반으로 보였는데 파키스탄 전통

복을 입고 있지는 않았다. 나는 먼저 말했다.

"나는 코리안입니다."

"아, 그래요. 일본인인줄 알았습니다."

"한국에 파키스탄 근로자들이 많이 있습니다."

"예. 알아요. 우리 동네에 어떤 사람이 한국에 있다 왔다는 말을 들었습니다."

"한국에는 많은 외국인 근로자들이 있습니다. 방글라데시, 네팔, 필리핀, 베트남 사람 등이 있습니다."

"나도 한국에 가고 싶어요. 한국에 가서 일하면 한달에 얼마 정도 받습니까?"

"외국인 근로자들은 공장에서 좀 힘든 일을 합니다. 월급은 한달에 평균해서 약 1천5백 달러 이상 받습니다."

"아아, 그래요. 어떻게 하면 한국에 가죠?"

"당신 나라의 해외취업소개소 등을 이용할 수 있을 것입니다. 한국 정부는 지금 외국인 근로자에 대한 법률을 개선하여 그들이 떳떳하고 마음 편하게 한국에서 일할 수 있도록 했습니다."

"한국에 꼭 가고 싶어요."

"한국의 경제는 지금 매우 활발하게 성장하고 있습니다. 그래서 많은 외국인 근로자를 필요로 합니다."

"예. 저도 그런 줄 압니다."

"한국에서 한 3년 일하고 오면 이곳에서 큰 집도 사고 땅도 사고 자동차도 사고, 부자(富者)되고 얼마나 좋습니까!"

"하하하. 예. 2년 있다 꼭 갈 겁니다."

그 젊은이는 굳게 결심하는 듯 했다. 나는 그가 코리안 드림을 꼭 실현하기를 기원한다.

제멋대로 가는 도시 라호르

라호르(Lahore)로 올 때 대우(大宇) 버스를 탔다. 이 대우 버스는 우리나라 대우그룹에서 설립한 운송회사라고 한다. 버스에 오르니 마치 우리나라 고속버스를 탄 기분이다. 좌석 위치를 알리는 글자도 '창측', '통로측'이라고 한글로 적혀져 있다. 승객에 대한 대우도 좋다. 음료수도 주고 과자도 주고 신문도 준다. 항공기의 기내(機內) 서비스 수준이다.

더욱 이색적인 것은 이 대우 버스에 여성 근로자가 있다는 점이다. 한국 같으면 아무것도 아닌데, 여성의 사회활동을 제한하고 있는 이 나라의 경우에서는 좀 색다르게 보였다. 이 회사가 한국 기업이 설립한 회사이기 때문에 여성도 채용한 것일 거라는 생각이 들었다.

그 여성 근로자는 안내원이었다. 나이는 20대로 보였고 날씬한 몸매의 미녀였다. 검은 옷을 입고 있었으며 이곳 여성답게 스카프를 쓰고 있었다. 그 스카프도 검정색이었다. 그 안내원은 휴식 및 도착을 알리는 방송을 현지어와 영어로 했다.

　나는 이슬람 문화에 대하여 잘 모르기 때문에 이 사회에 대하여 뭐라고 말할 수는 없다. 다만 이 문화는 여성의 사회활동을 제한하고 있는 모양인데 거기에 대하여 나는 찬동할 수 없다. 여성도 하나의 인간으로서 일할 권리가 있고 또 그 일을 통하여 자기완성을 기하고자 하는 욕구도 있다. 그런데 그러한 권리와 기회를 박탈한다는 것은 이 문명사회에서는 도저히 용납될 수 없기 때문이다.

　파키스탄의 보다 많은 여성들이 저 버스 안내원처럼 사회로 나가 일을 하면 좋겠다.

　라호르로 가는 동안 나는 잠시도 눈감지 않고 밖을 내다보았다. 이곳 경관을 빠짐없이 보기 위해서이다. 가끔 아는 사람들하고 해외여행을 하

라왈핀디와 라호르 간을 운행하는 대우 버스

다보면 어떤 사람은 차만 타면 자는데 그 사람은 뭐 하러 여행을 하는지 모르겠다. 잠자러 온 것도 아닌데 말이다.

창밖으로 보이는 풍경은 지난 1월에 본 북인도(北印度)하고 거의 비슷했다. 소와 양이 풀을 뜯고 있는 황량한 들판, 찰기 없는 푸석푸석한 흙더미, 흙탕물이 고여 있거나 혹은 흐르는 개천, 그리고 띄엄띄엄 서 있는 각종 나무군락 등이 보였다.

그 중 나의 눈을 끈 것은 같은 흙탕물 속에서 물소하고 아이들이 같이 헤엄치며 노는 광경이었다. 그러니까 여러 마리의 물소들이 모여 있는 그 바로 왼쪽에서 아이들이 헤엄치며 놀고 있었다. 동물하고 사람 간에 차별이 없다는 게 바로 이런 것을 두고 하는 말인지 모르겠다.

내가 창밖을 유심히 내다 본 진짜 이유는 공장이 있나 없나 있으면 그게 무슨 공장인가를 알기 위해서이다. 나는 어느 나라에 가든지 그 나라의 산업에 대하여 관심이 많다. 그래서 머리가 아프다.

라호르까지 약 310km를 가는 동안에 공장을 하나도 보지 못했다. 아마 있기는 있을 텐데 내가 보지 못한 탓일 것이다.

라호르(Lahore)의 첫인상은 혼란스러움 그 자체였다. 도대체 질서가 없다. 당나귀차, 마차, 릭샤, 택시, 버스, 승용차 그리고 화물차가 뒤섞여 제멋대로 다닌다. 어지럽다.

거기에다가 계속되는 경적(警笛), 낡은 엔진소리, 사람들 떠드는 소리에 정신이 없다. 사람들은 아무데서나 길을 건넌다. 뭐 이런 도시가 있나 싶다.

사람들의 복장도 그렇다. 여자는 차치하고, 남자의 복장을 보면 흰색 또는 회색의 윗도리가 궁둥이까지 덮도록 길게 늘어져 있고 신발은 거의 슬리퍼 비슷한 것이다. 옷은 자주 세탁되지 않아 검은 회색빛을 내고 있다. 얼굴은 약간 거무스레한데다가 수염까지 기르고 있다.

그래서 도시가 매우 칙칙해 보인다. 물론 내가 본 곳은 서민 지역이니까 그럴 것으로 나는 이해한다.

이에 비하면 우리 한국의 도시는 깨끗하고 질서도 바로 잡혀 있는 편이다. 사람들의 얼굴도 잘 생겼고 복장도 단정하다.

원래 라호르는 여행자에게 악명이 높았다고 한다. 이지상 씨도 그의 실크로드 여행기에서 라호르를 '공포의 라호르'라고 했다.

파키스탄을 보니까 지난날 국제사회가 왜 우리나라의 올림픽과 월드컵 축구경기 유치를 승인했는가를 알 수 있다. 좀 성급한 판단이지만 말이다.

박물관을 나와서 시내에 나가 사람들의 모습을 보았다. 어떤 젊은이가 원숭이 2마리를 데리고 길가에 앉아 있다. 그 사람은 적극적으로 원숭이에게 재주부리기를 시키지 않고 그냥 앞에 앉혀두고 있다. 타고 온 택시 기사에게 물으니 저 사람은 실업자인데 사람이 돈을 주면 받고 안 주면 말고 해서 하루 종일 앉아 있다 간단다.

어느 곳에는 조그마한 노점상들이 어지럽게 늘어서 있다. 정말로 사람들이 서로 어깨 비비고, 가슴 부딪치고, 살 냄새 풍기며 사는 모습이 바로 이런 것이 아닌가라는 생각이 들었다.

라호르에 있는 동안 제대로 식사를 못했다. 길거리에서 이것저것 주전부리로 때웠다. 그래서 공항에 일찍 도착해서 제대로 먹어야겠다는 요량으로 시내 관광을 단축하고 바로 공항으로 향했다.

공항 안으로 들어가는 입구에 경찰 두 명이 지키고 서 있었다. 나는 비행기 티켓을 보여주며 들어가려고 하니까 경찰이 앞을 막았다.

"아직 수속개시 시간이 두 시간이 남아 있으니까 두 시간 있다 오세요."

"지금 들어가면 안 됩니까? 좀 들어가야겠는데."

"안됩니다. 그러나 나에게 30달러를 주면 들여보내겠습니다."

고속도로 휴게소. 대우마크가 선명하다.

"30달러를, 나 지금 돈 다 써서 없습니다."

"그러면 20달러."

"돈 하나도 없어요."

"10달러."

기가 막혔다. 경찰이 돈을 요구하다니, 후진국 공무원에 부패가 많다고 들었는데, 그게 바로 이런 것임을 처음으로 알았다. 그러고 보면 우리나라 경찰은 참 깨끗한 편이다.

그러나 공항 측에서 사람들을 미리 들여보내지 않은 것은 잘한 일이라고 나는 생각한다. 다 들여보내면 혼잡해서 일이 제대로 안 될 수 있기 때문이다. 다만 돈을 요구한 것은 옳지 못하다.

수속시간을 기다리며 대합실에 앉아 있는데 대학생으로 보이는 20대 청년 3명이 나에게 다가와서 옆 이자에 앉았다.

“헬로우. 재패니스?”

“헬로우. 아이 엠 어 코리안.”

“어디 가십니까?”

“한국. 대학생이야?”

“저 한국 대학에 지원했는데 비자가 안 나와서 못 갔어요.”

“어느 대학인데?”

“음……”

“자기가 지원한 대학인데, 대학 이름도 몰라.”

“음……. 하시는 일은 무엇에요?”

“선생을 하고 있지. 대학에서.”

“그러면, 한국 대사관에 얘기 좀 해주세요. 저에게 비자 내주라고.”

“그것은 대사관에서 알아서 할 일이야. 나 권한 없어.”

이때 우리 앞을 경찰 두 명이 나란히 지나갔다. 파키스탄 청년이 그들을 가리키며 나에게 말했다.

“저기 도둑놈들 가네요.”

“무슨 소리야. 경찰이잖아.”

“저 사람들 돈만 밝혀요.”

조금 전에 나도 경찰한테 무슨 요구를 받았지만, 시치미 꾹 떼고, 나는 아무 말도 안했다. 이럴 때는 조용히 있는 게 상책이다. 부화뇌동은 절대 금물이다.

공항 내 대형 텔레비전 화면에는 젊은 남자가수가 몸을 흔들며 노래하는 장면이 나왔다. 파키스탄 청년이 그 가수를 가리키며 나에게 물었다.

“저 가수 아세요?”

“몰라. 그걸 내가 어떻게 알아.”

“저 가수 모르세요. 파키스탄에서 유명한 가수인데.”

“한국 가수도 모르는데, 파키스탄 가수를 내가 어떻게 알아.”

잠시 후 그 청년들은 친구가 왔다고 하면서 어디론가 가 버렸다.

라호르 공항의 검색은 철저했다. 이런 면에서는 파키스탄답지 않았다. 나는 철저한 검색을 좋아한다.

십여 년 전 이탈리아에서 한국으로 올 때의 일이다. 독일의 한 공항에서 비행기를 갈아타는데 우리 일행을 독일 공항당국은 철저히 검색했다. 이미 이탈이아에서 검색을 받았는데도 말이다. 의아해 하는 나에게 어떤 사람이 이렇게 말했다.

“독일은 항공기가 어느 나라의 것이든 독일을 거친 비행기에서는 절대로 사고가 없어야 한다는 강한 신념을 가지고 있습니다.”

그렇다. 항공기 안전, 백번 말해도 부족하다.

이제 파키스탄도 안녕이다.

세상에서 희한한 박물관
라호르 박물관

박물관을 둘러보았다. 도시를 관광할 때는 두 군데를 보라는 말이 있다. 하나는 박물관이고 또 다른 하나는 시장이다. 전자에서는 옛날 사람이 무슨 생각을 했는지를 알 수 있고 후자에서는 현재 사람이 무슨 생각을 하고 있는지를 알 수 있다고 한다.

라호르 박물관 입장권

라호르 박물관은 특이했다. 10루피만 내면 카메라를 가지고 들어가서 마음대로 사진을 찍게 했다.

100루피라고 하는 비싼 입장료를 내고 안으로 들어갔다. 그런데 전시장이 깜깜해서 아무것도 보이지 않았다. '이 사람들은 원래 이렇게 깜깜하게 해놓고 보게 하는가보다.'라고 생각하던 중에 어디서 '지금 정전(停電)'이라는 소리가 들렸다.

한심했다. 세상에, 원 참 박물관에 정전이라니, 그런데 한참 관람을 하고 있는데 또 불이 나갔다. 또 정전, 아마 박물관 중에 유례없는 박물관일 것이다.

박물관에 있는 많은 유물 중에서 내가 관심 있게 본 것은 석가고행상(釋迦苦行像), 불상, 전쟁무기, 아라비아 문자로 적혀진 이슬람 경전, 그리고 빅토리아 여왕상 등이었다.

전시된 물건 중에는 고대 중국의 그림과 붓글씨가 각 한 점씩 있어서 특이했다.

석가고행상을 보고서는 도대체 사람이 어떻게 해서 저렇게 뼈와 가죽만 남을 수 있는가라는 의문이 들었다. 저 펼쳐진 이슬람 경전의 글은 무슨 뜻일까하는 궁금증도 품어보았다.

나는 빅토리아 여왕상 앞에서 잠시 시간을 지체했다. 설명문에 의하면 여왕은 1819년에 태어나 1901년에 사망했다고 한다. 1876년에는 인도여왕에도 겸하여 취임했다고 한다.

사람들은 흔히 인간은 권력(權力)과 부(富)와 명예(名譽)를 동시에 가질 수는 없다고 말한다. 맞는 말이다.

그러나 역사책을 보면 위에서 들은 3가지를 다 누린 사람이 몇 명 보인다.

내 생각으로는 권력과 부와 명예를 다 누리고 산 사람의 대표는 동양에서는 중국 청(淸)나라의 건륭 황제(乾隆 皇帝)이고 서양에서는 영국의 빅토리아(Victoria) 여왕이 아닐까 한다.

건륭 황제는 수(壽)가 89세였으며 황제 자리에 60년이나 있었다. 재위 기간 중 중국 사상 최광(最廣)의 영토를 차지하는 등 청나라 최성기를 이루었다.

빅토리아 여왕은 수가 83세였고 임금 자리에 64년간 있었다. 여왕도 재위기간에 선거법, 아프가니스탄 전쟁 등 많은 국내외 문제를 지혜롭게 처리하여 국가를 번영시켰다.

그런데 한편 빅토리아 여왕상을 보니까 묘한 생각이 든다. 빅토리아 여왕이 누군가. 인도를 정복하여 식민지로 만든 장본인이 아닌가. 그 침략의 수괴(首魁)의 상(像)을 박물관 한 가운데에 모셔두고 있으니 말이다. 하기야 박물관이니까 상관없다는 생각도 들지만, 묘한 생각을 금할 수 없었다.

우리나라 같으면 어떻게 할까. 박물관 내에 일본 메이지(明治) 천황[31]의 동상이 있다면 어떻게 할까. 당장 철거했을 것이다. 아니 있다는 것은 상상조차 할 수 없는 일이다.

얼마 전에 우리는 옛 중앙청 건물을 뜯어 없애 버렸다. 과연 없애는 것이 능사인가. 이 건물을 해체하여 다른 곳에다 복원시켜 놓을 필요성은 없었는가. 한번 생각해 보아야할 문제이다. 하기야 이제는 때가 늦어서 생각하면 공연히 머리만 아프지만 말이다.

한참 구경을 하는데 웬 젊은 예쁘장한 동양 여자가 미소를 지으며 나에

---

31) 일본 제122대 천황. 재위 기간 1876~1912.

게 인사를 했다. 그 여자는 얼굴이 하야니 깨끗했고, 옆에는 딸인 듯이 보이는 아이가 두 명 있었다. 또 그 옆에는 키 큰 젊은 파키스탄 남자가 있었다.

"곤니찌와."

"곤니찌와. 나는 한국 사람입니다."

"아, 그래요. 저는 일본 사람인줄 알았어요."

"여기에는 웬일입니까?"

"남편하고 라호르에 왔다가 여기에 들린 것입니다."

"남편이 파키스탄 사람입니까? 국제결혼 하셨어요?"

"예. 그래요."

"그러면 어디서 삽니까?"

"일본에서 삽니다. 여기 남편 나라에 들리러 온 것입니다."

여기까지 이야기를 했는데 갑자기 남편이 말했다.

"한국 사람이 일본어 잘 하네요."

사실 좀 자랑 같지만 나는 영어와 일본어를 웬만큼 한다. 한자(漢字)도 한문 전공자를 빼놓고는 두 번째 가라면 서러울 정도로 잘 쓴다. 그러나 중국말은 한참 서툴다.

이번 실크로드 단독배낭여행에서 영어는 차치하고 일본어와 한자쓰기 능력이 크게 도움이 되었다. 중국 사람 앞에서 그들도 못 쓰는 번체자의 한자를 쓰니까 대하는 태도가 달라졌다.

그들 일본인 부인과 파키스탄인 남편 부부를 보고 나니까 참으로 묘한 생각이 들었다.

일본 같은 세계 제일의 선진국 국민이 파키스탄 같은 후진국 국민과 결혼을 하다니 말이다. 하기야 사랑에는 국경이 없다고 하지 않던가.

그 파키스탄 남자는 행운을 얻었다고 나는 생각한다.

이 어지럽고 시끄러운 나라를 떠나 정돈이 잘된 말쑥한 나라 일본에서 살게 되었으니 말이다.

평일이라 그런지 박물관은 매우 한산했다. 마침 몇 개의 전시실은 수리 중이어서 들어가 볼 수 없었다.

박물관을 나오니 밖은 또 교통전쟁 중이었다.

중국에 아부하는 파키스탄

"위해버 굿 릴레이션십 위드 차이나(We have a good relationship with China.)." 이 말은 앞서 언급한 바와 같이 양복을 단정하게 입은 카리마바드 기념품 가게 주인이 나에게 한 말이다. 기념품 가게 주인만이 아니다. 올드 훈자 인(Old Hunza Inn) 사장인 랄 후세인(Lal Hussain)씨도 나와의 대화 중에 이 말을 했다. 그런데 놀라운 것은 그 기념품 가게 주인과 랄 후세인씨의 말이 일구(一句)도 다르지 않다는 점이다. 그 말하는 사람의 표정도 두 분 다 진지했다. 마치 초등학교 아동들이 선생님한테 배운 대로 앵무새처럼 말하는 것과 흡사했다.

그 말을 듣는 순간 '아, 파키스탄이 중국의 비위를 거스르지 않으려고 조심하고 있구나.' 하고 직감(直感)했다.

본 글의 요지가 파키스탄이 중국에 아부한다는 내용인데, 글쎄 그 '아부(阿附)' 라는 표현이 적절한지는 모르겠지만 아무튼 파키스탄 북부 지방에 와서 내가 느낀 바로는 그렇다.

카시미르 국제영토분쟁 현황

그러면 파키스탄이 중국의 비위를 거스르지 않기 위하여 어떠한 노력 내지 조치를 취하고 있는가? 나는 그것에 대한 해답의 하나를 지도를 들여다보고서는 알았다. 그것은 국제 영토분쟁지역인 이 카시미르(Kashmir)에서 파키스탄은 중국과의 국경선 문제를 해결한 것이다. 그러면 파키스탄은 어떻게 해서 해결하였는가. 다시 한번 파키스탄과 중국과 인도 이들 세 나라의 지도를 찬찬히 들여다보면서 비교해본 결과 인도와 중국이 서로 자국의 영토라고 주장하는 파키스탄 령(領) 카시미르 동쪽 중국과의 접경 지역(K2봉 북쪽 지역)을 파키스탄은 중국의 주장에 동의하여 중국 영토로 간주하면서 자기네 지도에 중국 땅이라고 못 박고 있다는 사실이다. 그래서 그것을 바탕으로 하여 중국과의 국경선을 긋고 있다.

사실 파키스탄도 내심 그 중국과의 접경 지역을 자기네 땅으로 생각하고 그 영유권을 주장하고 싶었을게다. 하지만 꾹 참고 중국에게 양보한 것이 아닌가 하는 생각이 든다. 중국 측으로서는 파키스탄이 그런 국경분쟁을 일으키지 않은데다가 더구나 인도가 자기네 땅이라고 주장하는 그

길기트 지역 전경

지역을 '아니다. 중국 땅이다.'라고 하니 그 파키스탄이 얼마나 고맙고 예뻤겠냐 말이다. 그렇게 해서 파키스탄은 중국의 환심을 사는 데 성공한 것이다.

파키스탄이 중국에게 잘 보이려고 노력하는 모습은 서스트에 있는 파키스탄 출입국 관리소의 파키스탄 관리들이 중국인을 대하는 태도에서도 잘 나타난다. 중국인에 대해서는 쿤제라브 국립공원 입장료를 면제해주는가 하면 입국심사도 매우 간단하고 세관검사는 아예 생략한다. 입장료를 면제해주는 이유가 중국이 카라코람 하이웨이를 닦아 주었기 때문이라고는 하지만 그것은 국가 대 국가의 원조 차원에서 이루어진 것이지 어떤 개인을 위한 것이 아님에도 파키스탄 정부는 중국인에게 혜택을 주고 있다.

쿤제라브 고개 정상의 중파경계지점의 모습도 희한하다. 그곳엔 중국 초소 한개만 있을 뿐 파키스탄 초소는 눈에 띄지 않는다. 그 중국 초소에 근무하는 중국 병사가 국경선을 관리하고 있다. 파키스탄이 중국을 믿고 형님처럼 모시고 있는 듯 하다.

그러면 왜 파키스탄이 중국에게 잘 보이려고 노력하고 있는 것일까. 그것은 카라코람 하이웨이가 가져다주는 경제적 효과 때문일 것이다. 그러니까 중국 서역과 연결되는 이 카라코람 하이웨이가 이곳 파키스탄에 안겨주는 외화가 얼마인데 그런 중국을 무시할 수 있겠느냐 말이다.

그것은 서스트로부터 파수와 굴미트를 경유하여 카리마바드에 이르는 근 100km의 하이웨이 양변에 무수히 늘어선 숙박업소를 보면 잘 알 수 있다. 해마다 많은 수의 실크로드 여행객들이 이 카라코람 하이웨이를 오가며 많은 돈을 이 지역에 뿌리고 있다. 그래서 굴미트의 콘티넨탈 호텔 주인 말대로 이 지방은 실업율이 낮고 따라서 소득수준이 높다.

현수교. 길기트의 명물 중 하나이다.

관광 수입만이 아니다. 카라코람 하이웨이를 통하여 많은 물자가 중국에서 들어오는 바람에 이 지역은 물질적으로도 풍성함을 누리고 있다.

이와 같이 중국과 연결되는 카라코람 하이웨이의 플러스 효과가 매우 클진대 만약 파키스탄이 중국에게 밉보여 중국이 이 쿤제라브 고개 문을 닫아버리는 날이면 북부 파키스탄 경제는 파탄지경에 이르게 된다. 그러니 파키스탄이 중국에게 잘 보이려고 노력하지 않을 수 없는 것이다.

파키스탄이 중국의 환심을 사려고 하는 또 하나의 이유는 인더스(Indus)강 문제이다. 파키스탄의 젓줄인 이 인더스강이 중국 티베트에서 물 근원하기 때문에 파키스탄이 수자원 안보 차원에서 중국의 미움을 절대로 살 수가 없는 것이다.

지금 중국과 인도의 관계는 심정적으로 원활치 못하다. 지난 50년대 말쯤인가 내가 중학교에 다닐 때 그 두 나라는 전쟁도 했다. 한편 파키스탄과 인도의 관계도 불편하다. 이러한 3자간의 관계에서 파키스탄은 중국편에 붙음으로써 인도를 견제하려 한다.

이와 같이 파키스탄은 경제적인 문제뿐만 아니라 인더스 강가에 터를 잡고 있는 나라로서의 생존권을 지키고 또 인도와의 대결에서 유리한 고지를 차지하기 위하여 중국의 환심을 사려고 노력하는 것이 아닌가 하는 생각이 든다. 바로 이러한 점 때문에 좀 심한 말이긴 하지만 파키스탄이 중국에게 아부하고 설설 기는 것이라고 나는 이번 여행에서 느꼈다.

노동동물(勞動動物)을 생각한다

카스에서 일요시장 구경을 마치고 호텔로 돌아올 때 당나귀차를 탔다. 당나귀는 따각따각 열심히 걸었다. 하지만 모자를 쓴 차 주인은 채찍으로 사정없이 당나귀 궁둥이를 내려쳤다.

나는 당나귀가 불쌍해서 그만 때리라고 손짓을 해 보았지만 별 소용이 없었다.

앞만 보이도록 눈에 가리개가 씌워진 채, 당나귀는 이렇게 죽도록 일하면서도 얻어맞았다. 당나귀는 맞으며 산다.

명사산에서 입장료를 내고 안으로 들어와서는 나는 살짝 충격받았다. 등산로 입구에 수십 마리의 낙타가 앞뒤의 양 무릎을 굽힌채로 질서정연하게 모여 앉아 있었기 때문이다. 그 모습은 마치 넓은 주차장에 많은 택시들이 손님을 기다리며 대기하고 있는 것과 흡사했다.

이들 낙타들은 주인의 인도에 따라 앞으로 나와 사람을 태우고 다녔다. 목적지에 도착하면 앞다리와 뒷다리를 교대로 굽혀 자세를 낮추었다.

▲ 당나귀차 (투루판 고창고성에서)
▲ 관광객을 태우기 위하여 질서정연하게 모여 앉아 있는 낙타들 (명사산 입구에서)

나는 낙타들이 고도로 훈련이 되어서 저렇게 하는 것인지 아니면 저 놈들이 제 임무가 사람 태우고 다니는 것이라는 것을 알기 때문에 저러한지 참으로 궁금했다. 그래서 이들 낙타들의 행동을 자세히 보았다.

그러나 나 같은 동물 문외한(門外漢)이 그런 것을 알 수는 없었다.

나는 살아가는 모습을 중심으로 하여 동물을 크게 두 가지로 분류한다. 사람 곁에서 사람과 함께 일하며 사는 동물하고, 사람하고는 무관하게 저희들끼리 사는 동물이 그것이다. 전자에는 말, 당나귀, 낙타, 소 그리고 안내견 등이 있고 멧돼지, 늑대, 기린, 곰 등이 후자에 속한다.

이들 사람과 함께 일하며 사는 짐승들을 나는 노동동물이라 이름 짓는다. 이들 노동동물들은 오래 전부터 사람과 같이 살면서 고락(苦樂)을 함께 해 왔다. 특히 말은 전투에도 참여했다. 그래서 말의 수는 곧 전력(戰力)을 나타내기도 했다. 군사무기 설명문에 '인마살상용' 이라고 하는 문구도 나온다.

나는 이번 실크로드 여행 중에 많은 종류의 노동동물을 보았다. 말, 당나귀, 낙타 그리고 소 등이 그것이다. 모두 우리 한국에서는 보기 드문 짐승 들이다.

과연 이들 노동동물이 없었다면 대상이나 스님들이 실크로드를 갈 수 있었겠는가를 생각해 본다. 아마 힘들었고 더 큰 희생을 치러야 했을 것이다.

나는 전에 중국에 무거운 불경(佛經)을 싣고 가다 죽은 백마(白馬)가 있었고 그래서 그 자리에 탑인지 절인지가 세워졌었다는 이야기를 들은 바 있다.

그래서 노동동물하면 그 백마를 떠올리곤 했다.

둔황에 왔을 때 그 백마 이야기의 현장이 이곳에 있다는 것을 알았다.

그래서 둔황에 온지 3일째 되던 날 나는 쏟아지는 비를 무릅쓰고 달려가 그 백마탑을 참배했다. 내가 참배라는 용어를 쓴 것은 비록 동물이지만 자기 임무를 수행하다가 죽어간 자에 대한 경의의 표시이다. 그것이 동물이건 사람이건 나는 상관하지 않는다.

탑 현장에 있는 설명문에 의하면 백마가 구이츠(龜玆, 현 쿠처)에서 불경(佛經)을 싣고 장안(현 시안)으로 가던 중 그만 병이 들어 둔황(敦煌)에서 죽었다고 한다.

나는 그 백마를 잊을 수가 없다. 그 당시에는 동물병원도 없었을 테고, 또 얼마나 힘들었으면 병까지 났겠느냐 말이다.

우리나라에도 같은 성격의 이야기가 있다. 경북 봉화 청량사의 우공총(牛公塚)에 얽힌 이야기가 바로 그것이다. 그 절 창건 당시 한 소가 많은 자재를 실어 나르느라 과로(過勞)해서 죽었다고 한다. 절에서는 그 소를 정성스럽게 묻고 그 무덤을 우공총이라 이름 지었다고 한다.

사실 나는 내가 이곳 둔황에 온 이래 식사 때마다 다니던 식당주인에게 백마탑의 전설을 들려 줄 것을 청한 바 있다. 그 주인은 이곳 둔황에서 죽 살아왔기 때문에 민간에서 전해 내려오는 이야기를 알 것이라고 생각했기 때문이다. 그 주인은 백마탑 이야기에 나오는 백마는 용(龍)의 화신이었는데 둔황에 이르자 '이제는 나의 임무는 끝났다.'고 하며 하늘로 올라갔다는 것이다.

이번 실크로드 여행을 하면서 나는 이곳 모래밭을 지나가는 낙타와 당나귀 등의 행렬을 눈에 그려 보았다. 그 고난의 길을 이들 노동동물은 사람과 같이 다녀주었다. 또 이야기하지만 이들 노동동물들이 없었다면 실크로드는 없었을런지도 모른다.

나는 동물들을 그들의 특성에 맞추어 적당히 일을 시키는 것은 나쁘지

백마탑 (둔황)

않다고 생각한다. 현재 전 세계의 축산농가를 괴롭히는 광우병의 원인을 나는 농(弄)으로 학생들에게 이렇게 말한다.

"원래 일을 하던 놈들이라 일을 시켜야 하는데 일을 안 시키고 우리에 가두어 놓으니까 미치지."

지금도 서역엔 많은 노동동물들이 일을 하고 있다. 이들 노동동물들은 지금 사람들의 조상을 태우고 다니던 동물들의 자손이다. 옛날 사람들은 노동동물을 가족 내지 친구로 여기며 같이 살았다. 따라서 지금의 이 노동동물들은 조상 친구의 자손들이다.

따라서 이들 동물들에게 일을 시키되 잘 보살피고 구슬리면서 해야 할 것이다.

오늘날 동물복지(動物福祉) 문제가 전 세계적으로 떠오르고 있다. 더 나아가 동물을 인권수준의 차원에서 다루어야 한다는 주장도 있다. 나는 여기에 크게 찬동하는 바이다.

노동동물들에 대하여 다시 한번 생각해 본다.

가는 방법

중국 비자 신청은 반드시 지정된 여행사를 통하여 해야 한다. 주한중국 대사관이 방침을 바꾸어 개인 신청을 받지 않기로 했기 때문이다. 지정 여행사는 중국대사관 홈페이지를 참조하면 된다.

이때 비자 수수료 이외에 1인당 약 1~2만원 정도의 수수료를 여행사에 지불해야 함은 물론이다.

파키스탄 비자는 대사관에 직접 신청하면 된다(신청 서류는 홈페이지 참조). 이때 파키스탄대사관은 비자 신청 서류의 하나로서 영문 여행계획서 (travel schedule in English)를 요구하고 있는데 여기서 독자들의 편의를 위하여 영문 여행계획서의 한 예를 제시한다.

Travel Schedule in Pakistan

- Visitor Name : Gi Hyon SONG
- Period of travel : May 5~May 16 2007(about 12days)
- Itinerary in Pakistan in details

May 5 · Arrive at Sost in Pakistan through Khunjerab Pass from China
- Leave for Gulmit
- Arrive at Gulmit
- Hotel check in
- Ghulkin Glacier tracking
- Take rest
- Look around village

May 7 · Leave for Karimabad in Hunza

· Check in Old Hunza Inn

· Look around the above area : the world's famous long life area

· Ultar tracking

· Tour of Baltit Fort etc.

May 10 · Leave for Gilgit

· Arrive at Gilgit

· Check in Madina hotel

· Look around the above area : Buddha sculpture etc.

· City tour

May 12 · Leave for Rawalpindi

May 13 · Arrive at Rawalpindi

· Hotel check in (may be Al-Azam hotel)

· City tour

May 15 · Leave for Lahore

· Arrive at Lahore

· Hotel check in

· Look around museum etc.

· Participate city tour

May 16 · Leave for Korea

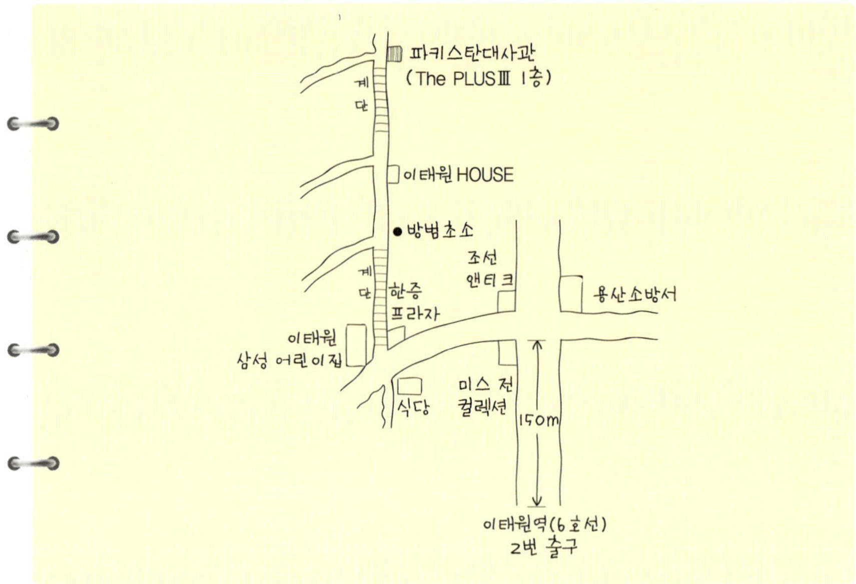

● 중국영사관 위치

참고로 중국영사관의 위치는 다음과 같다. 영사관에 이르는 길 좌우에 여행사가 많이 있다.

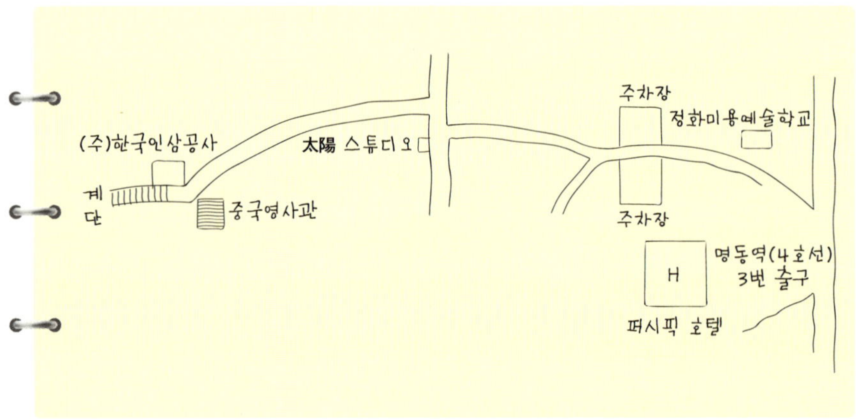

● 시안공항 → 시안역

시안공항에 내려서 공항 건물을 빠져나오면 바로 앞에 버스들이 서너 대 서 있다. 항공기에서 내린 승객을 태우기 위해서이다.

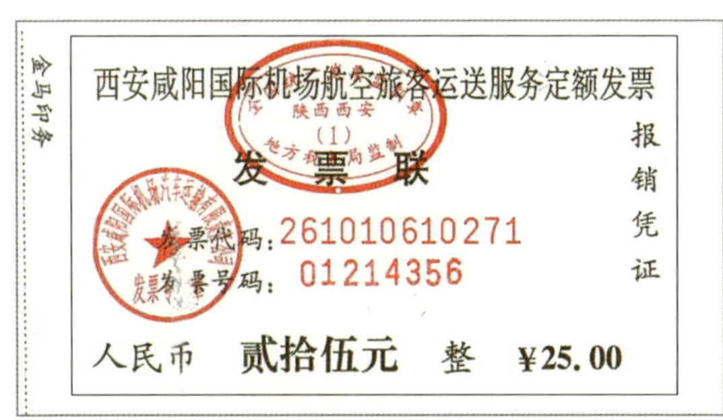

시안공항 → 시안 기차역(西安 火车站) 버스표

이 중에서 시안 기차역에 가는 버스가 있다. 안내양이나 기사에게 시안 기차역(西安 火车站) 가는지 여부를 물어서 타면 된다.

버스 요금은 25위안(2007. 4)이다.

● 숙박

• 상데빈관(尚德宾馆)

시안역 광장에서 역 건물을 등지고 시가를 보면 정면에 큰 성문이 있고 그 성문 오른쪽에 작은 성문(尚德門)이 있다. 이 작은 성문을 나가서 길을 건너 진행 방향으로 약간 걸으면 오른쪽에 상데빈관이 있다.

요금이 저렴하고 교통이 편리하다. 종업원이 친절하고 영어가 통한다. 24시간 더운물이 나온다. 특히 이 호텔은 시안 기차역에서 가깝기 때문에 걸어서 역으로 이동할 수가 있어서 더욱 좋다.

요금은 2인실 120~140위안, 도미토리 40~50위안이다.

만약에 이 호텔에 방이 없을 경우 오른쪽 골목으로 들어가면 주위에 비슷한 요금의 호텔이 있다.

　　객실료는 호텔 프런트에 게시된 요금대로 지불할 필요가 없다. 반드시 흥정을 해야 한다. 프런트에서 제시한 방을 먼저 둘러보고 난 후에 결정하는 것이 현명하다.

◀ 상대빈관 전경
▼ 상대빈관(尚德宾馆) 명함

◀ 시안 市 여행 그룹 버스 회사 근무자 丁懿(띵이·정의) 氏 명함. 띵이 씨는 영어에 매우 능통함.

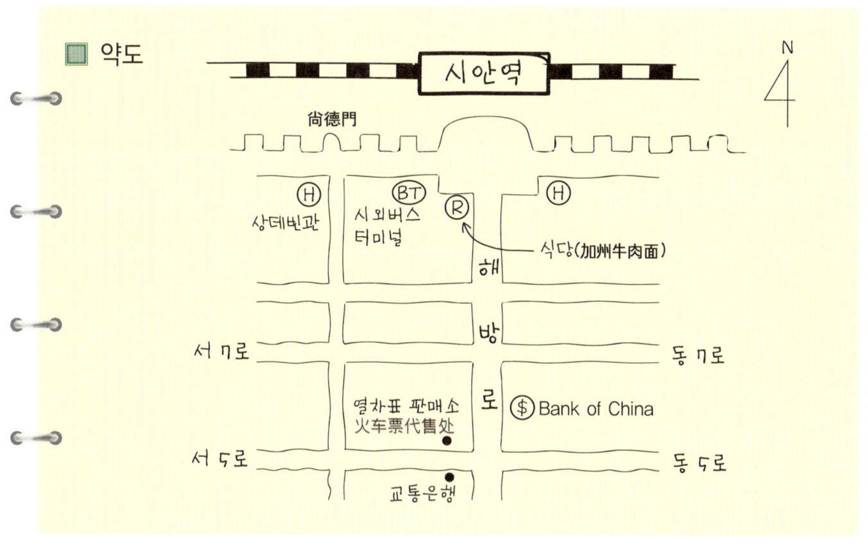

● 환전

중국은행(Bank of China)에서 가능하다. 위치는 다음과 같다. 시안역 앞에는 그 시안역을 마주보고 죽 뻗어 있는 지에팡루(解放路 · 해방로)라는 큰 도로가 있고 그 도로를 기준 축으로 하여 동(東)과 서(西)로 길이 나 있다. 중국은행은 여기서 동7로(東七路) 부근의 지에팡루 변(邊)에 있다. 상데빈관에서 걸어서 10분 거리이다.

은행 오픈 시간은 오후 5시 30분까지(2007. 4)이다.

공식 환율은 US$1.00≒7.65위안(2007. 4)이다.

● 둔황행 열차표 예매

시안 시내에 도착해서 제일 먼저 해야 할 일은 다음 행선지 행 열차표를 사는 일이다. 중국에서는 미리미리 예매를 하지 않으면 여행 일정에 차질을 가져올 수 있다.

내가 둔황(敦煌) 가는 열차표를 예매하기 위하여 시안 기차역에 갔을 때

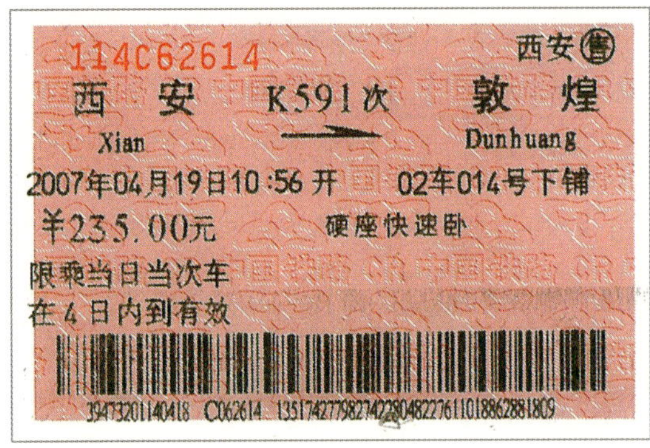

시안→둔황의 쾌속열차표

는 역 안에 발 디딜 틈도 없이 만원이었다. 시안역이 늘 이렇게 복잡하냐고 나중에 호텔 종업원한테 물으니 그렇단다.

외국인 전용 창구가 시안역 오른쪽 2층에 있다고 어느 중국여행 안내서에 나와 있어서 두 차례나 가보았지만 찾을 수가 없었다. 역무원에게 물어보았지만 그 사람도 모른다고 했다. 없어진 듯하다.

백방으로 수소문하여 열차표 판매소를 알아냈다. 위치는 지에팡루에서 서5로(西五路)로 들어서자마자 오른쪽이다. 그곳에 '火车票代售处(화차표 대수처)'라고 쓴 큰 간판이 있다. 중국은행에서 걸어서 5분 거리이다.

그곳은 공적기관이기 때문에 수수료도 저렴하여 5위안(2007. 4)이다.

欢迎您乘坐兰州客运段担当的 K591／2、N857／8 次旅客列车

列车时刻表

西安→敦煌 快速 K591	站名	敦煌→西安 快速 K592
10:56	西安	— / 9:26
11:14 / 16	咸阳	9:07 / 53
57 / 59	杨陵镇	12 / 8:10
12:58 / 13:02	宝鸡	7:10 / 6:59
14:37 / 43	天水	20 / 4:14
16:19 / 36	陇西	18 / 2:16
19:06 / 14	兰州	9 / 0:01
20:38 / 40	永登	32 / 22:30
22:34 / 42	武威南	39 / 20:31
56 / 58	武威	16 / 20:14
23:48 / 50	金昌	18 / 19:16
1:22 / 24	山丹	35 / 17:33
58 / 2:04	张掖	52 / 16:46
	高台	58 / 15:56
4:28 / 30	酒泉	39 / 37
4:50 / 58	嘉峪关	18 / 14:10
6:26 / 28	玉门镇	27 / 12:25
9:31	敦煌	9:39

兰州→敦煌 快速 N857	站名	敦煌→兰州 特快 N858
17:58	兰州	— / 9:14
21:12 / 20	武威南	58 / 5:50
22:21 / 23	金昌	44 / 4:42
0:25 / 27	张掖	26 / 2:24
3:02 / 4	酒泉	23 / 0:21
3:24 / 32	嘉峪关	0:02 / 23:54
5:00 / 2	玉门镇	11 / 22:09
6:39 / 41	瓜州	40 / 20:38
7:55	敦煌	19:25

시안 ←→ 둔황 쾌속열차 시각표(2007. 4. 18)

복잡한 역에서 오래 기다리며 귀중한 시간을 허비하는 것보다는 차라리 약간의 수수료를 물고 비교적 한산한 이 판매소에서 표를 구입하는 것이 더 경제적이 아닐까 한다.

시안과 둔황을 연결하는 특급쾌속열차가 2007년 4월에 생겼다. 매일 1회씩 운행하는 이 열차는 빠르고 쾌적했다.

행선지	열차명	출발 시각	도착 시각	운 임	시행 일자
시안 → 둔황	K591	10:56	익일 09:31	침대下鋪235元	2007. 4. 18

열차의 침대칸은 두 종류가 있다. 부드럽게 눕는다는 뜻인 '루안워(軟臥)'와 딱딱하게 눕는다는 '잉워(硬臥)'가 있다.

잉워는 딱딱한 침대라고 했지만 매트리스가 깔려 있어서 말처럼 그렇게 딱딱하지 않아 잘만하다. 루안워는 매우 비싸다.

각 침대는 그 침대의 위치에 따라 상포(上鋪), 중포(中鋪), 하포(下鋪)가 있다. 차량에 따라서는 중포가 없는 것도 있다. 가격은 하포가 제일 비싸다.

● 식음 (食飮)

시안역 앞 버스터미널 방향의 첫 건물에 '미국가주우육면대왕(美國加州牛肉面大王)'이라고 하는 식당이 있다. 메뉴 중에 홍샤오니우러우타오찬(紅燒牛肉套餐)이 먹을 만하다.

해방로에 있는 중국은행 맞은편에 중국식 패스트푸드(fast food)점이 있으나 별로 권할 곳은 못된다.

● 관광

호텔에 나와 있거나 호텔과 연결되어 있는 여행사를 이용하는 것이 시간과 금전적으로 경제적이다.

여행사의 화산(华山) 등산은 중식을 제외한 일체의 경비를 포함하여 310위안(2007. 4)이다.

둔황(敦煌)

● 둔황 기차역 → 둔황 시내

둔황 기차역이 새로 만들어졌다. 전에는 둔황에 오려면 이곳에서 무려 130킬로미터 떨어진 유위엔(柳園)역(나중에 명칭을 둔황역으로 바꾸었음.)에서 내려야만 했다. 그러나 중국 정부는 작년(2006년) 8월에 둔황 시내에서 매우 가까운 현 위치에 명실상부한 새로운 둔황역을 오픈시킨 것이다[현재 시중에 나와 있는 여행안내서에는 둔황역(본디는 유위엔역)에 내려서 버스로 2시간 반을 달려야 둔황 시내에 도착할 수 있다고 나와 있다.].

둔황역 앞에는 시내로 가는 미니버스가 자주 있다. 시간은 약 15분 정도 걸리고 요금은 약 7위안이다.

둔황 시내의 이 미니버스 정류장(종점임)은 둔황빈관(敦煌宾馆) 뒤쪽 길가에 있다.

● 투루판행 열차표 예매

둔황에 와서도 제일 먼저 해야 할 일은 열차표 예매이다.

둔황과 우루무치(乌鲁木齐) 간 특쾌속열차가 1일 1회 있다. 투루판은

둔황 → 투루판 쾌속열차표

우루무치로 가는 길목에 있기 때문에 이 특쾌속열차를 이용할 수 있다.

행선지	열차명	출발 시각	도착 시각	운임	시행 일자
둔황 → 투루판	T216	20:16	익일 08:32	침대下鋪222元	2007. 4. 18

※우루무치 도착 시각 : 익일 10:34

우루무치에서 둔황으로 오는 특쾌속열차 시각표는 다음과 같다.

행선지	열차명	출발 시각	도착 시각	운임	시행 일자
우루무치→둔황	T218	20:44	익일 10:48		2007. 4. 18

※투루판 도착 시각 : 같은 날 22:43

투루판행 열차표를 예매하는 방법에는 3가지가 있다.

첫째는 둔황역에 도착하자마자 사는 방법이다. 이 방법은 미리 자리를 확보할 수 있어 좋다. 또한 수수료가 들어가지 않아서 경제적이다.

둘째는 시내에 있는 열차표 판매소(代售处)를 이용하는 방법이다. 둔황 시내에 열차표판매소는 시유빈관(西域宾馆)과 중국은행 건물 등 두 곳에 있다.

셋째는 호텔에 나와 있는 여행사를 이용하는 방안이다. 이 방법은 편하긴 하지만 고액의 수수료를 지불해야 한다. 수수료는 최하가 20위안(2007. 4)이다.

● 숙박

● 페이티엔빈관(飞天宾馆)

명산로(鸣山路) 22号 장거리버스터미널(둔황역 가는 미니버스 정류소가 아님.) 맞은편에 있다.

요금이 저렴하여 배낭족에게 인기가 높다. 영어 · 일어가 통하고 종업원도 친절하다. 시설은 비교적 깨끗하다. 주변에 존스 인포메이션 카페가 있다.

현관 앞에 여행사가 나와 있어서 주변 명소의 관광예약이 편리하다.

더운물 샤워는 01시(새벽 1시)까지 가능하다.

요금은 1·2인실이 140~180위안, 도미토리는 30~40위안이다.

• 둔황구어지따지어우디엔(敦煌国际大酒店)

명산로 28号에 있다. 페이티엔빈관에서 걸어서 5분 거리이다. 서양 단체 관광객이 많이 온다. 맞은편에 있는 시유빈관(西域宾馆) 건물에 열차표 판매소가 있어 편리하다.

이밖에도 둔황엔 매우 많은 호텔들이 있다. 둔황이 유명한 관광지이기 때문이다. 객실료도 타 지역보다 비싼 편이다. 둔황엔 지금도 여기저기서 호텔이 신·증축중이다.

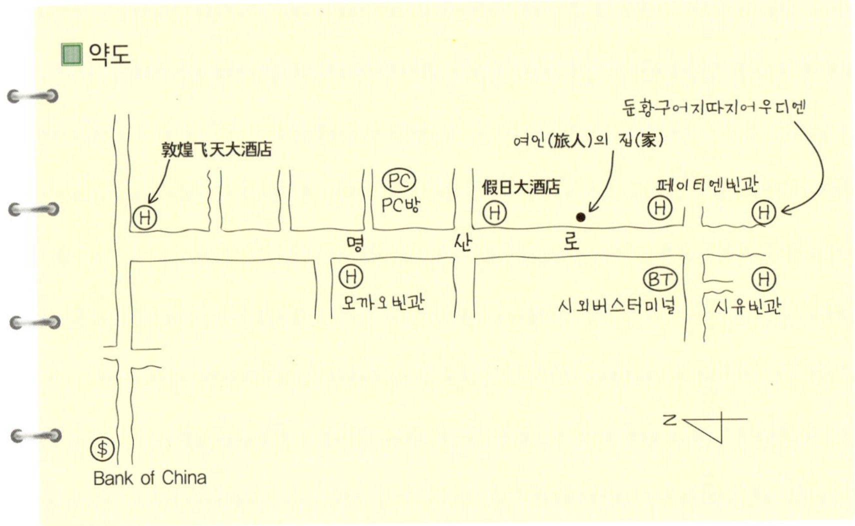

● 식음(食飮)

'여인의 집(旅人の 家)'이 추천할 만하다. 위치는 페이티엔빈관 앞 명산로에서 북쪽으로 걸어서 약 2분 정도 거리의 오른쪽에 있다.

이 가게는 일종의 인포메이션 센터로서 일본인과 한국인 여행자들이 여행 정보를 나누고 서로 대화할 수 있도록 준비되어 있다.

이 가게에는 이 지역을 먼저 여행한 한국과 일본 여행자들이 각각 적어 놓은 여행경험담 노트가 비치되어 있다.

만약 후에 오는 여행자가 이 노트를 읽으면 선배의 경험을 오롯이 자기 것으로 할 수 있다. 또한 지금 온 여행자들은 후배 여행자를 위하여 정보 등을 적어놓아야 한다.

동시에 이 가게는 오므라이스 등과 같은 음식도 판매한다. 주인 아주머니가 해 주는 이 오므라이스는 양도 많고 그런대로 먹을 만하다.

주인 남자는 40대 후반으로 보이며 영어는 한 마디도 못하나 일본어는 매우 유창하다. 그래서인지 필자가 보니까 일본인들이 끊이지 않고 찾아온다. 일본에서 발행되는 여행안내서에도 이 집이 소개되어 있다.

이 가게 앞에 식당이 몇 개 있다. 또한 페이티엔빈관 옆의 존스 인포메이션 카페에서도 식사를 할 수 있다.

● 관광

둔황빈관 뒤쪽 길가에서 막고굴(莫高窟 · 모까오쿠)가는 미니버스가 있으니까 이용하면 된다.

좀 더 편리한 방법은 여행사에서 운행하는 버스를 이용하는 방안이다. 여러 가지 선택이 있는데 명사산과 막고굴을 각각 오전 오후 하루에 도는 버스를 이용하면 경제적이다. 이들 지역은 하루면 웬만큼 둘러볼 수 있다. 버스 요금은 30위안(2007. 4)이다. 물론 입장료와 중식대를 제외한 요금이다.

2007년 4월을 기준으로 한 주요 관광지의 요금은 다음과 같다.

명사산 입장료 80위안, 덧신 10위안, 낙타 타기 60위안, 썰매 10위안.

막고굴 입장료 80위안, 통역 안내원 20위안.

백마탑 입장료 15위안.

명사산에 갈 때는 모래 바람에 대비하여 마스크가 필요하다.

隔日无效　飞天宾馆散客中心一日游　只限一人
叁拾元　¥:30元
乘车时间及旅游景点
早08:00—12:00　莫高窟　西晋墓
晚14:00—21:00　史博国　鸣沙山　月牙泉

막고굴과 명사산 관광버스 예약표

막고굴에 갈 때 손전등을 휴대하면 벽화를 좀 더 자세히 볼 수 있다.

막고굴을 볼 때는 통역 안내원을 대동하여야 한다. 많은 굴 중에서 어느 것을 보아야 효과적이라는 것을 관광객은 모르기 때문이다.

한국어 통역 안내원으로서 조선족 출신의 성이 '이'인 가이드가 있다. 매표소에 말하면 불러준다. 가이드를 거절하고 혼자 다닐 때 아무굴이나 들어가면 위험하다. 굴 관리인들이 굴 안을 확인해 보지 않은 채 문을 걸어 잠글 수 있기 때문이다.

● 인터넷 피시방

명산로 모까오빈관(莫高空宾馆) 맞은편 작은 길 오른쪽에 있다. 잘 못 찾겠으면 '여인의 집(旅人の 家)' 주인에게 물으면 잘 안다.

● 기타

둔황에서 꺼얼무(格尔木)를 거쳐 라싸(拉萨)로 갈 수 있다. 버스로 꺼얼무까지 가서 그곳에서 기차로 라싸로 들어간다.

꺼얼무행 버스 발차 시각은 매일 오전 9시이며 소요 시간은 8시간이다. 꺼얼무에서 라싸까지는 20시간 소요된다.

여행허가서는 과거와 달리 불필요하다. 둔황에서 라싸까지의 거리는
1,681km이다.

투루판(吐魯番)

● 투루판역 → 투루판 시내

투루판역에서 시내로 들어가는 버스를 타려면 역에서 시내 방향으로
약간 가야 한다. 그 사이 택시 기사들이 그냥 놔두지 않는다. 자기 택시를
타라고 끝까지 따라온다.

주위에 있는 백패커(backpacker)를 규합하여 4명 한 팀을 만들어 택시
로 이동하는 것이 시간적으로 효과적이다. 비용도 비슷하게(1인당 20위
안, 2007. 4) 먹힌다.

● 숙박

• 자오퉁빈관(交通宾馆)

시(市) 중심가 버스터미널 바로 옆에 있다. 시설이 깨끗하고 요금도 매우
저렴하다. 종업원들이 친절하다. 그러나 영어가 잘 통하지 않는다. 대신 2층
에 있는 여행사 직원이 도와준다.

요금은 1·2인실이 90~120위안, 도미토리는 30~40위안이다.

이 호텔을 이용하면 다음과 같은 세 가지 이점이 있다.

첫째는 버스터미널 바로 옆에 위치하기 때문에 우루무치로 가는 버스를
타기 위하여 터미널까지 오는 시간과 비용을 절약할 수 있다.

둘째는 호텔 주변에 시장과 상가가 있어서 편리하다.

셋째 호텔 2층에 여행사가 있어서 주변 관광예약이 편리하다. 이 여행사
직원들은 매우 친절하고 영어가 능통하다.

자오퉁빈관 전경

- 투루판빈관(吐魯番宾馆)

호텔 입구에 포도넝쿨거리가 있어서 분위기가 좋다. 건물은 이슬람 양식으로 고급스럽다. 서양 단체고객이 많다.

옆에 존스 인포메이션 카페가 있다. 요금은 다소 비싸다.

시 중심가와는 떨어져 있어서 시장과 상가 등을 가는 데 매우 불편하다.

국제전화기 기능한 전화방 앞의 표지판의 한 예

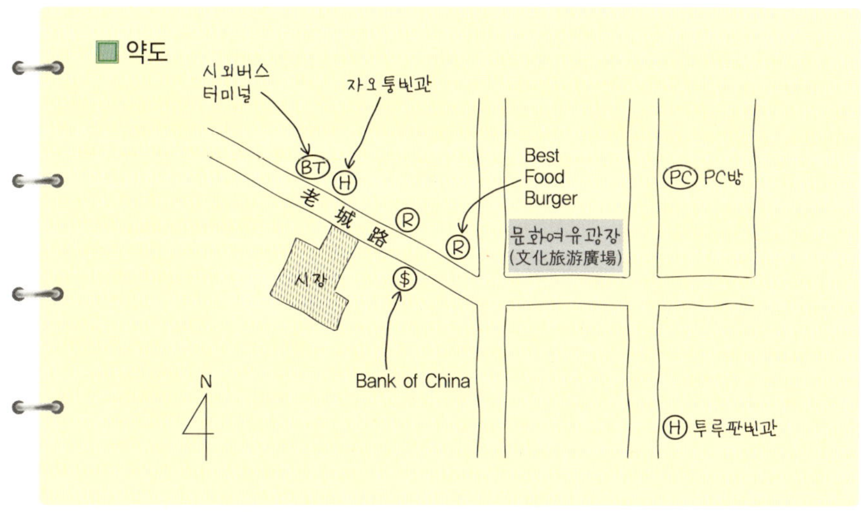

● 식음(食飮)

주변에 먹을 곳이 많다. 자오퉁빈관 맞은편에 있는 시장 안으로 들어가면 시시케밥, 웹갸이습, 커부저, 미엔피 등을 파는 가게가 많다. 식사 후 디저트로 먹을 수박이나 파인애플 등도 많이 나와 있다. 특히 낭(饢)은 산더미같이 쌓여 있다.

밤에는 자오퉁빈관 뒤에 야시장이 펼쳐진다. 그곳에서 시시케밥을 굽는 연기가 하늘에 자욱하다.

이 지역 음식에 싫증이 나면 '베스트푸드버거(Best Food Burger, 중국식 패스트푸드점)'에서 햄버거 등을 먹을 수 있다. 이 베스트푸드버거점은 자오퉁빈관을 바라보고 오른쪽으로 2~3분 거리의 4거리 모퉁이에 있다. 가게가 매우 깨끗하고 음식도 정갈하다. 종업원은 유니폼을 입고 있고 친절하다. 그러나 영어는 잘 통하지 않는다. 테이크 아웃(take out)도 가능하다.

자오퉁빈관과 베스트푸드버거점 사이에 있는 상가 건물 2층에 식당이

있다. 실내가 깨끗하고 종업원도 친절하다. 썬타이차오(蒜苔炒肉)가 먹을
만하다.

이 밖에도 투루판빈관 옆에 있는 존스 인포메이션 카페에서 사먹을 수
있다. 가격은 약간 비싸다.

● 관광

여행사의 1일 투어 프로그램에 참여하는 것이 시간과 금액 면에서 경제
적이다. 여의치 않으면 여행자 여러 명을 규합하여 차를 대절하는 것이
편리하다. 차를 대절할 때는 당연히 흥정해야 한다.

여행사는 자오퉁빈관 2층에 있는 여행사가 좋다. 직원들이 영어가 능통
하고 친절하다. 저녁 늦은 시간까지 문을 닫지 않고 영업한다.

시(市) 주변을 돌아보는 데에는 자전거를 이용하면 좋다. 자전거 임차는
호텔에 문의하면 알려준다.

2007년 4월을 기준으로 한 여러 관광지의 요금은 다음과 같다.

화염산(火焰山) 입장료 40위안.

베제크리크 천불동(柏孜克里克 千佛洞) 입장료 20위안.

고창고성(高昌故城) 입장료 30위안, 당나귀차 편도 20위안.^{(※ '옛 성' 이란 뜻}
의 한자를 중국은 한국과는 달리 '故城' 으로 표기하고 있음.)

나는 화염산과 천불동에서 입장료를 50% 할인받았다. 중국의 관광지
는 나이가 60살 이상 되는 사람에게 입장료를 할인해주기도 한다는 말을
어디선가 들은 기억이 나서 여권을 들이대며 할인을 요구했다. 그러나 다
른 관광지에서는 거절당했다. 할인은 중국인에 한정한다는 것이다.

● 인터넷 피시방

청년로(青年路) 문화여유광장(文化旅游廣場) 건너편에 있다.

● 우루무치로 이동

우루무치로의 이동은 열차보다는 버스가 훨씬 편리하다. 버스터미널(运输站, 交通宾馆 옆)에서 30분 간격으로 고속버스가 있다. 소요 시간은 2시간 40분, 요금은 40위안(2007. 4)이다.

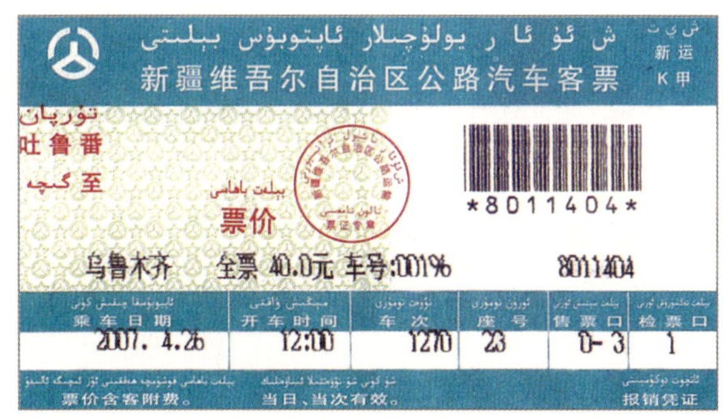

투루판 → 우루무치(乌鲁木齐) 고속버스표

우루무치(乌鲁木齐)

● 우루무치 버스터미널 → 우루무치 기차역

버스터미널에서 기차역으로 직접 가는 시내버스가 없다. 택시 이용.

● 카스행 열차표 예매

우루무치에서 카스로 가는 특쾌속열차가 하루에 1회 있다.

행선지	열차명	출발 시각	도착 시각	운임	시행 일자
우루무치→카스	N886	12:09	다음 날 11:04	침대上鋪324元	2007. 4. 18

반복되는 이야기지만 어느 도시에 도착하면 제일 먼저 해야 할 일은 다음 행선지의 기차표를 예매하는 일이다. 다음 행선지로 갈 대책을 강구해 놓아야만 안심하고 관광을 할 수 있기 때문이다. 이 점 우루무치에서도 예외는 아니다.

나는 우루무치 기차역에서 장시간 줄을 서서 표를 예매했다. 표를 산 후 차후에는 역에서 장시간 기다리는 것을 피하기 위하여 열차표 판매소(火车票代售处)를 찾아보았지만 실패했

우루무치 → 카스(喀什) 쾌속열차표

다. 여행사 직원들에게 물어보았지만 그들도 모른단다.

참고로 카스에서 우루무치로 오는 특쾌속열차 시각표는 다음과 같다.

행선지	열차명	출발 시각	도착 시각	운 임	시행 일자
카스→우루무치	N888	13:06	다음 날 12:17	·	2007. 4. 18

● 숙박

호텔이 매우 많다. 5성급 호텔이 20개 가까이 될 정도이다. 이 도시가 중앙아시아의 무역의 중심지, 물자 보급기지이기 때문이다.

• 신장판티엔(新疆饭店)

기차역 앞쪽 방향에 있다. 걸어서 20분 정도 걸린다.

가는 방법은 역 광장 앞길을 우측으로 5분 정도 가서 도로를 횡단한 후 왼쪽 방향으로 5분 정도 간다. 그 곳에서 길을 따라가다가 다시 고가도로 밑의 도로를 횡단하면 된다.

역에서 직선거리로는 얼마 되지 않지만 돌아서 가야 하기 때문에 불편하고 시간이 다소 걸린다.

요금이 저렴하고 종업원들은 친절하나 영어가 썩 잘 통하지는 않는다.

호텔 로비 입구에 여행사(新疆雪蓮旅行社·신강설연여행사)가 있어서 각종 관광예약에 편리하다.

요금은 1·2인실이 90~120위안, 도미토리 40위안 정도이다.

• 아요우빈관(亜欧宾馆)

역 바로 왼쪽(역을 바라보아서는 오른쪽)에 있다. 이 호텔은 평가가 엇갈린다. 좋았다는 사람이 있는가하면 별로라는 사람도 있다.

• 보그다빈관(博格达宾馆)

여행가 이지상 씨는 이곳을 추천한다. 쾌적하고 종업원은 친절하다. 객실 요금에 아침 식사료가 포함되기도 하는데 메뉴가 괜찮다.

요금은 1·2인실이 200~300위안, 도미토리는 40위안 정도이다.

다만 다음 행선지가 카스일 경우 기차역에서 멀어서 도보 이동이 불가능하다.

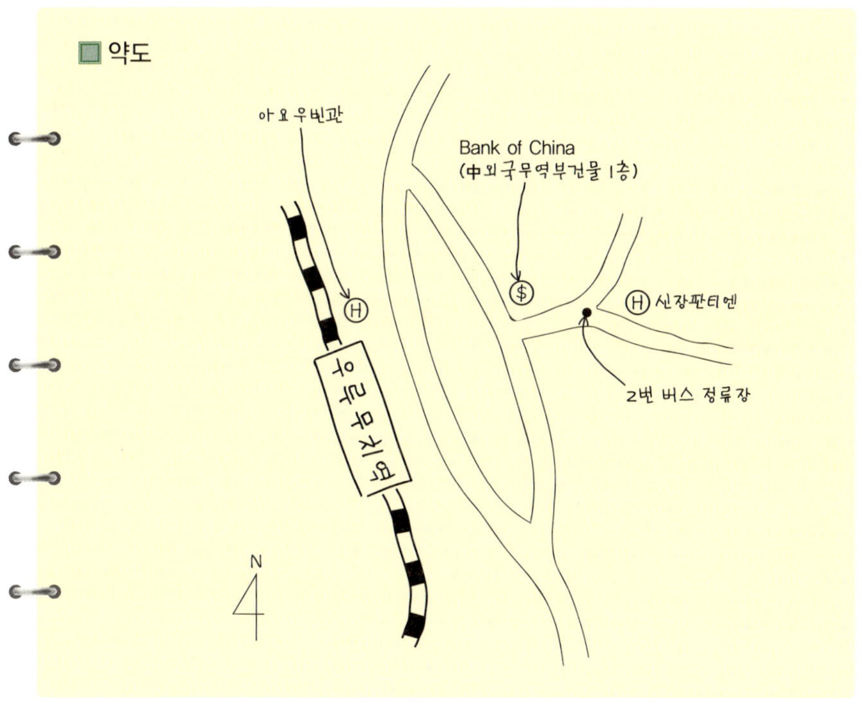

● 식음(食飮)

　신장판티엔 주변에 먹을 곳이 많다. 한국음식이 먹고 싶으면 시 중심가에 있는 한국음식점 '한성(汉城)'에 가면 된다.

　가는 방법은 신장판티엔 정문에서 11시 방향으로 가서 도로를 횡단한 후 그곳(고가 밑임)에서 1시 방향으로 약간 가면 버스 정류장이 있는데 그 버스 정류장에서 2번 버스를 타고 7번째 정류장에

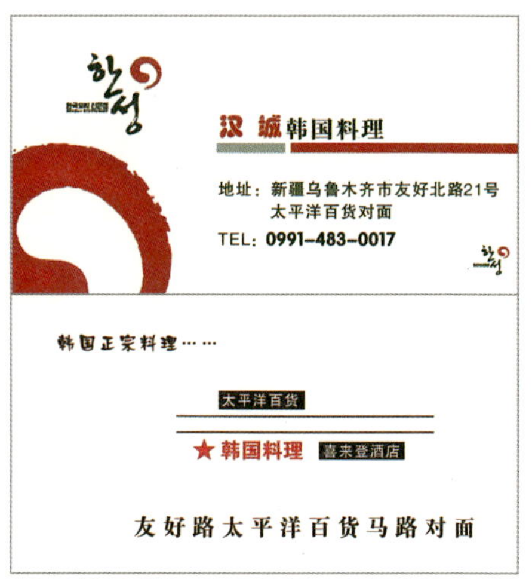

한국음식점 '汉城' 명함

서 내리면 된다. 바로 길 건너편에 '한성'이라는 간판을 단 식당이 있다. 7번째 정류장에 도착하기 전에 왼쪽으로 쉐라톤 호텔(Sheraton Hotel)이 보인다. 버스 요금은 1위안(2007. 4)이다.

　한성 식당의 메뉴는 돌솥비빔밥, 불고기 등이 있다. 가격은 보통이다.

● 관광

　신강설연여행사의 천지(天池)투어는 입장료(門票·문표, 90위안)와 중식을 포함하여 150위안(2007. 4)이다. 다만 케이블카 또는 셔틀버스 요금(35위안)은 본인 부담이

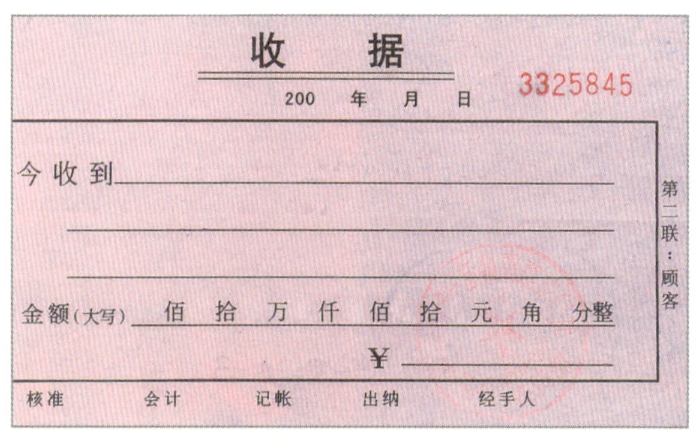

천지관광예약표 (신강설연여행사)

다. 천지 위 산 중턱에 있는 서왕모사(西王母祠)에 갈 경우 그곳의 입장료 (10위안)도 본인 부담이다.

천지에는 유람선도 운행되고 있다. 승선료는 50위안 정도이다.

이 밖에도 가볼만한 곳으로는 남산목장과 박물관, 인민공원 등이 있다.

카스(喀什)

● 카스역 → 카스 시내

버스가 없다. 택시를 이용해야 한다. 카스역에서 내렸을 때 주위를 둘러보면 단독 배낭여행자가 있을 것이므로 즉석에서 4인 한 팀을 만들어 이동하면 경제적이다.

● 서스트행 버스표 예매

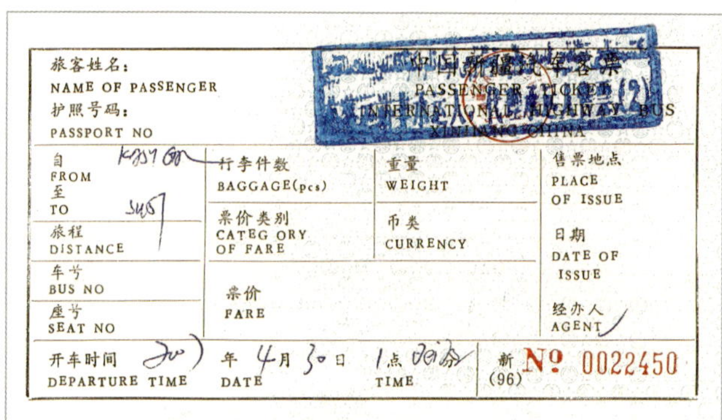

파키스탄의 국경마을 서스트로 가는 버스는 하루에 1회 있다. 출발 장소는 카스 국제여객 버스터미널(喀什国际汽车站)이고, 출발 시각은 12시와 13시 사이이다. 그러나 여러 가지 사정으로 인하여 늦을 때도 많다고 한다. 바로 이곳 국제여객 버스터미널에서 서스트행 버스표를 예매할 수 있다. 상황에 따라서는 예매하지 않고 출발 당일 아침에 가서

카스 → 서스트(Sost, 파키스탄) 국제버스표

표를 사도 된다. 요금은 270위안(2007. 4)이다.

서스트로 가는 버스는 중파국경 고개인 쿤제라브 패스(Khunjerab Pass, 일명 카라코람 고개, Karakoram Pass)를 넘어가야 하는데 이 고갯길은 매년 12월 31일부터 다음 해 4월 30일까지는 폐쇄된다. 5월 1일부터 개통된다.

● 숙박

• 서만빈관(色满宾馆)

이슬람식 건물로서 비교적 깨끗하고 아름답다. 종업원의 친절성은 보통이고 영어가 잘 안 통한다. 그러나 프런트 데스크 직원 중 영어가 능통한 사람이 있다. 로비에 여행사가 있어서 각종 투어가 가능하다. 타지크족 생활체험도 알선해 준다.

호텔 주위를 여러 가지 식물로써 아름답게 꾸며놓고 있다. 호텔 구내에 존스 인포메이션 카페가 있어서 여러 가지 여행 정보를 얻을 수 있다.

▲ 서만빈관(色满宾馆) 총지배인 명함

▲ 위구르 여행사 관광안내원 명함

요금은 1·2인실이 110~130위안, 도미토리는 30~40위안이다.

서만빈관에서 국제여객 버스터미널에 가려면 호텔 앞 도로(人民西路 · 인민서로)를 건너 왼쪽 방향에 있는 모서리에 가면 버스 정류장이 있다. 그 곳에서 9번 버스를 타고 약 10여분 가서 다리를 건너 첫 정류장에서 내리면 된다. 건너편에 터미널이 있다. 버스 요금은 1위안(2007. 4)이다.

- 치니와커빈관(其尼瓦克宾馆)

  호텔구내가 넓고 고급스럽다. 실내도 깨끗하고 종업원도 친절하다.

  요금은 1·2인실이 300위안 정도이다. 아쉽게도 도미토리는 없어졌다고
한다.

식음(食飮)

서만빈관 구내에 있는 존스 인포메이션 카페가 좋다. 이 이외에도 곳곳
에 식당이 있다.

관광

카스대바자(喀什大巴扎, 현지인들은 東門大巴扎라고도 한다.)는 반드시
가보아야 할 곳이다. 매 일요일마다 열리는 이 바자는 한국의 지방 소도
시의 5일장과 비슷한 것이다. 장이 서는 곳은 중서아국제무역시장(中西亞
國際貿易市場) 주변이다. 이 장을 보기 위하여 일요일에 맞추어 카스에 오

는 관광객도 많다.

이밖에도 둘러보아야 할 곳으로 향비묘(香妃墓)와 카라쿠리(喀拉车里)
호수 등이 있다. 이들 지역을 여행사에서 내놓는 관광상품(패키지 투어)을
이용하면 경제적으로 다녀올 수 있다.

● 기타

이곳 카스에서는 파키스탄뿐만 아니라 키르키스스탄(Kyrgyzstan)으로
도 갈 수 있다. 즉 국제여객 버스터미널에서 키르키스스탄의 국경마을인
오시(奥什·Osh)까지 버스가 운행되는 것이다.

버스 출발 일자는 매주 월, 화 그리고 금요일에 각 1회씩이다. 키르키스
스탄에의 입국에 필요한 서류는 비자와 패스포트이다.(카스 국제여객 버
스터미널 : T.0998-296-3630)

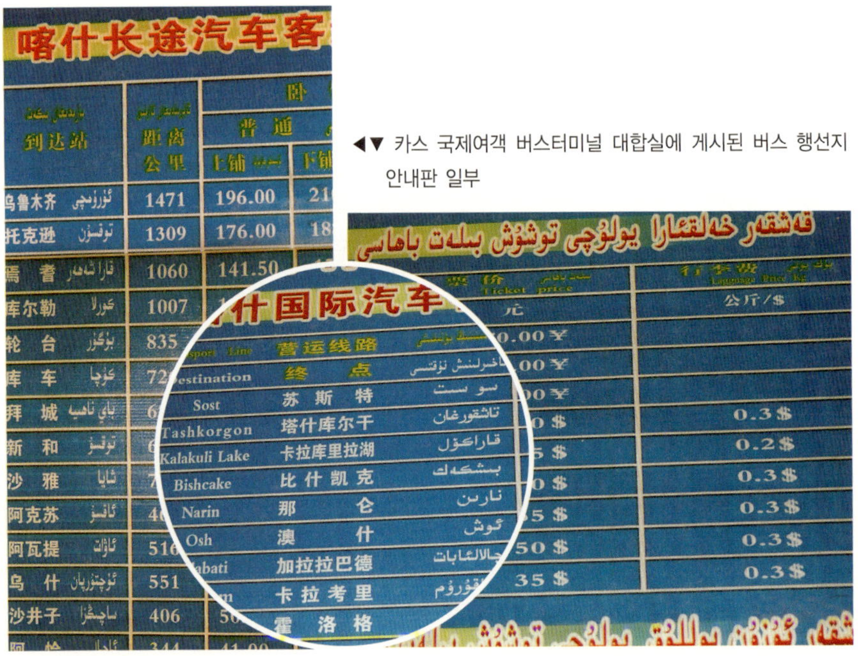

◀▼ 카스 국제여객 버스터미널 대합실에 게시된 버스 행선지
　　안내판 일부

타스쿠얼간(塔什库尔干)

카스를 출발한 버스는 저녁때 타스쿠얼간의 한 숙박업소에 도착한다. 버스와 승객은 이 산속 소읍(小邑)에서 1박을 한다. 숙박 장소는 대개 버스가 정차한 호텔이다. 그 호텔이 마음에 들지 않으면 다른 호텔에서 머물러도 된다.

버스 기사는 내일 아침 출발 시각을 알려주고 어디론가 가버린다. 여행자는 이 시각을 반드시 기억해두어 다음날 출발에 지장이 없도록 해야 한다.

저녁식사는 읍내 식당에서 하든가 혹은 싸가지고 온 음식, 예를 들면 낭(饟) 같은 것이 있다면 그것을 먹으면 된다. 저녁식사와 다음 날 아침식사를 위하여 약간의 비상식량을 준비해 두는 것이 여행의 지혜가 아닐까 생각한다.

다음날 오전 출발한 버스는 중국의 출입국 관리사무소에서 정차하여 승객들은 출국심사를 받는다. 출국심사는 일반적인 공항에서 하는 것과 마찬가지 방식이다. 버스가 파키스탄을 향하여 출발하면 목적지에 도착하기 전까지는 누구든지 내릴 수가 없다. 중국이 이 변방지역을 마약단속이라든가 기타 국가안보를 위하여 엄격히 통제·관리하기 때문이다.

버스는 중파국경(中巴國境)인 쿤제라브 고개 위에서 잠시 쉰다. 승객들은 내려서 사진을 찍는다든가 하면서 약간의 휴식시간을 갖는다.

서스트(Sost)

● 입국

서스트(Sost)는 파키스탄의 국경마을이다. 서스트에 도착하면 버스는 더 이상 가지 않는다. 따라서 모든 승객은 내려서 파키스탄 입국심사를 받아야 한다.

그런데 버스가 이 서스트에 도착하기 바로 전에 중국인을 제외한 모든 외국인은 4달러(2007. 5)씩 내야 한다. 왜냐하면 파키스탄 국립공원 관리소에서 쿤제라브 국립공원 입장료를 징수하기 때문이다. 중국인에게 입장료를 면제해 주는 이유는 중국정부에서 이 고갯길을 닦아주었기 때문이다.

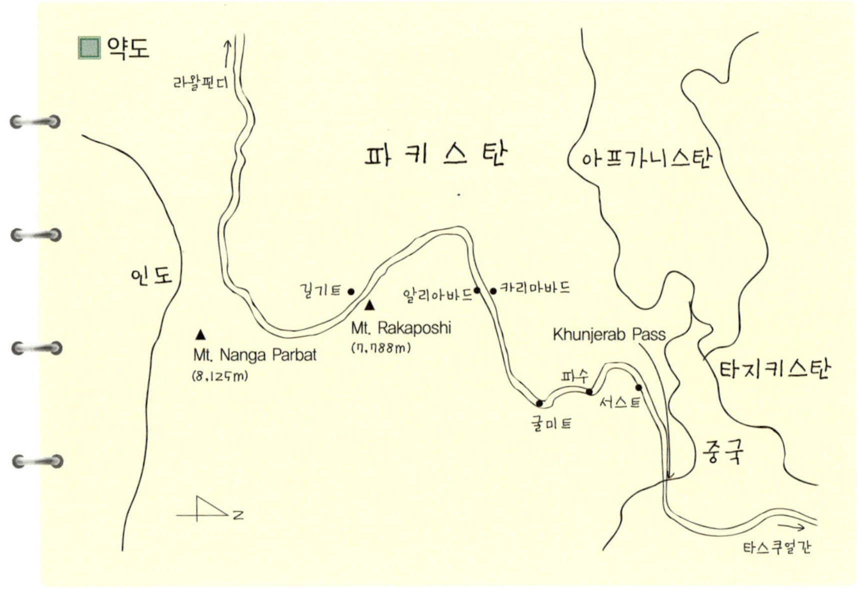

● 환전

입국심사를 마치고 나오면 지참해온 돈과 중국에서 쓰고 남은 중국돈을 이곳에서 파키스탄 화폐(루피, PKR)로 교환할 수 있다. 환전은 우선 필요한 만큼만 하고 나머지는 환율이 좀 나은 곳에서 하는 것이 좋다.

환율은 US $1.00≒60RPS(2007. 5)이다.

● 서스트 → 남쪽 소읍(小邑)으로의 이동

서스트에서 남쪽 방향으로 파수(Passu), 굴미트(Gulmit), 카리마바드 (Karimabad) 그리고 알리아바드(Aliabad)라는 소읍이 있다.

대부분의 관광객들은 이들 여러 소읍의 대표격인 카리마바드로 가길 원한다. 그러나 입국심사를 마치면 저녁때가 되므로 카리마바드까지 가 기엔 좀 늦다. 그래서 파수나 굴미트에서 하루 내지 이틀을 보내고 카리 마바드로 이동한다. 그러나 카리마바드까지 강행하는 사람도 있다.

서스트에도 호텔이 몇 개 있다. 취향에 따라 이곳에서 쉬고 다음날 이 동할 수도 있다.

서스트에서 이들 남쪽 방향의 소읍으로 가는 대중교통수단은 없다. 단 매우 이른 아침에 출근자를 위한 마을버스가 있을 뿐이다. 따라서 이른 아침에 마을버스를 타든가 아니면 히치하이킹 또는 렌트카를 이용해야 한다.

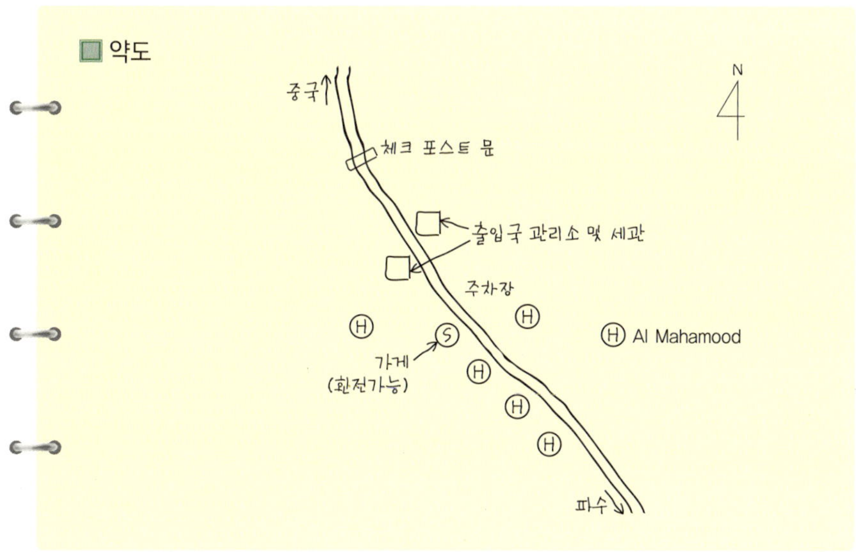

● 숙박

• 굴미트 콘티넨탈호텔(Gulmit Continental Hotel)

굴미트 콘티넨탈호텔이 추천할 만하다. 굴미트에는 여러 개의 호텔이 있다. 물론 모두 규모가 작다. 사실 필자는 굴미트에 왔을 때 여러 호텔을 답사했다. 그 중에 상기(上記)의 굴미트 콘티넨탈

굴미트 콘티넨탈호텔 명함

호텔이 제일 나았다. 말이 호텔이지 자그마한 2층 여관이다. 호텔 입구 건물 앞에 작은 나무들이 서 있다. 지배인이 친절하고 영어가 능통하다. 시설도 깨끗하고 호텔 주위에 먼지도 일지 않는다. 24시간 더운물 샤워가 가능하다. 호텔 위치가 마을과 큰 길에서 가까워 식당 이용 등 여러 가지로 편리하다.

요금은 1 · 2인실이 200루피 정도이다.

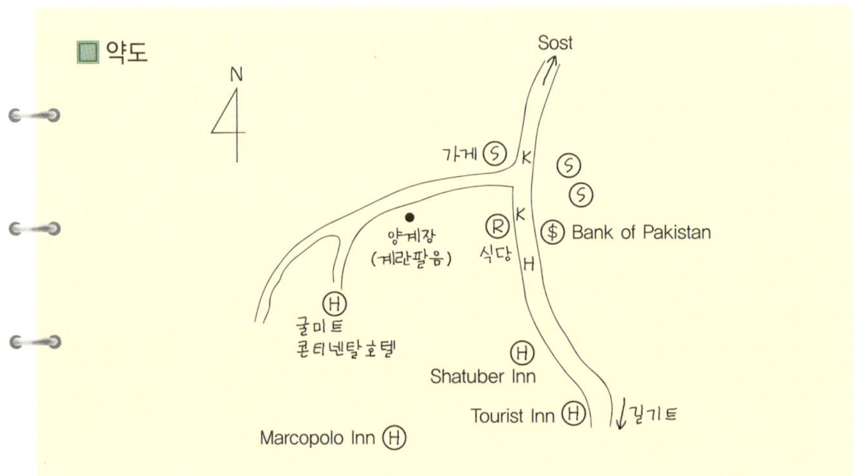

● 식음(食飮)

마을 앞을 지나는 카라코람 하이웨이 변에 2~3개의 식당이 있다. 파키스탄 전통식과 양식 스타일의 음식을 판다.

파키스탄 전통식 식당 주인은 친절하고 영어도 능통하다. 관광객에게 이곳 사정에 대해서도 잘 이야기해 준다.

● 관광

굴킨 빙하(Gulkin Glacier) 횡단 트래킹을 할 수 있다. 또 파미르 고원 핵심지역에 다녀올 수 있다. 호텔에 부탁하면 알선해 준다.

● 카리마바드로의 이동

히치하이킹은 좀 그렇고, 렌트카는 비싸다. 가장 좋은 방법은 이른 아침에 출발하는 길기트(Gilgit)행 마을버스를 이용하는 방법이다. 요금은 20루피(2007. 5)이다. 마을 앞에 있는 식당 앞에서 아침 6시 20분경에 출발한다. 식당 주인에게 물어보면 잘 안다.

이 마을버스는 카리마바드로는 들어가지 않는다. 따라서 카리마바드로 가는 길과 갈라지는 가네시(Ganesh) 삼거리에서 내려야 한다. 이곳에서 카리마바드까지는 걷든가 아니면 스즈키를 타야 한다. 카리마바드까지는 도보로 약 20분 소요된다. 20분 정도 걷는 것은 보통으로 알아야 배낭여행 할 자격이 있다.

카리마바드(Karimabad)

● 숙박

• 올드 훈자 인(Old Hunza Inn)
배낭여행자에게 인기가 있다. 카리마바드 최초의 게스트 하우스로서 27

년의 전통을 가지고 있다.

주인은 현재 60세 (2007. 5)로서 매우 친절하고 섬세하다. 영어에도 능통하다.

시설이 괜찮고 24시간 더운물 샤워가 가능하다.

마당에 빨랫줄도 있어서 세탁물을 건조시키기가 좋다. 정원에 탁자와 의자가 있어서 사람들과 대화할 때 이용할 수 있다.

요금은 1·2인실이 약 200루피, 도미토리는 50루피이다.

올드 훈자 인 명함

올드 훈자 인 프론트 접객실 내 안내판과 주인 랄 후세인(Lal Hussain) 씨

• 하이데르 인(Haider Inn)

올드 훈자 인 옆에 있다. 올드 훈자 인과 마찬가지로 배낭여행자에게 인기
가 있다.

요금은 비슷하다.

이 이외에도 읍(邑) 중앙 통(通) 양쪽에 여러 개의 숙박업소가 늘어서 있다.

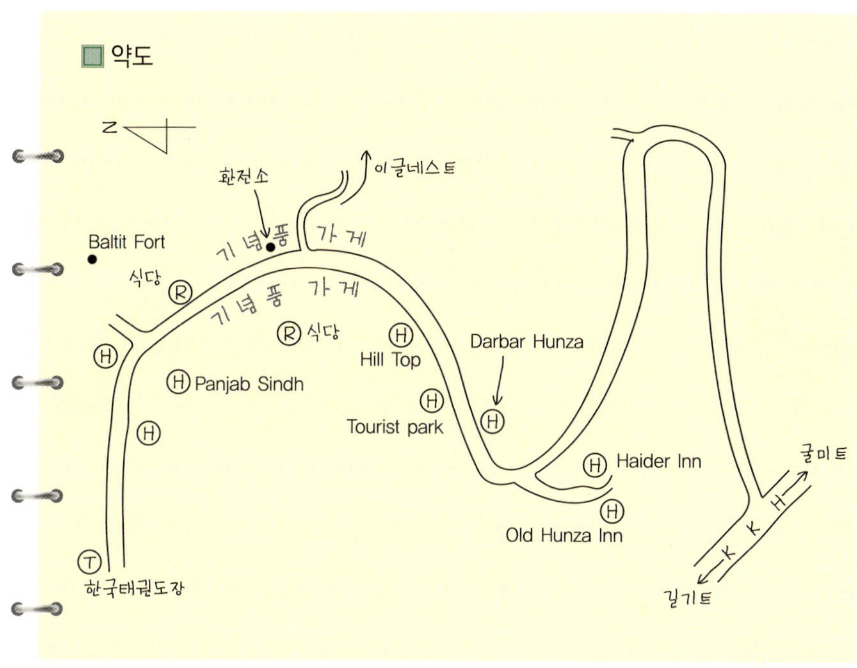

식음(食飮)

올드 훈자 인의 뷔페가 좋다. 세계 여러 나라 사람이 먹는 관계로 지역
특유의 향료를 넣지 않은 듯 음식에 독특한 향이 나지 않는다. 무난하다.

배낭여행자 중에는 젊은 사람이 많은 탓인지 양도 많이 준다.

값은 40~50루피(2007. 5)이다.

이 밖에도 거리에 나가면 여러 개의 식당이 있다.

● 관광

고적 관광지로서 발티트 포트(Baltit Fort)와 알티트 포트(Altit Fort)가 있다. 이들 지역엔 가이드 없이 다녀올 수 있다.

울타봉(Ultar Peak) 트래킹을 할 수 있다. 가이드와 동행해야 안전하다.

이밖에도 호퍼빙하(Hopar Glacier)에 다녀올 수 있다. 등산을 겸하여 이글네스트까지 다녀오는 사람도 많다.

시간을 내어서 저 산 밑으로 보이는 마을 전체를 빙 둘러보는 것도 재미있다. 귀로에 한국 사람이 경영하는 태권도 도장을 찾아보기 바란다.

● 인터넷 피시방

읍 중앙 통 위쪽에 피시 방이 있다. 천천히 걸으며 보면 바로 찾을 수 있다.

● 쇼핑

중앙 통에 기념품 가게가 매우 많다. 대부분 천으로 된 것이 많으며 목각 등과 같은 것도 있다.

가격은 부르는 대로 주지 말고 흥정을 해야 한다. 그러나 많이 깎지는 못한다. 비교적 정찰제에 가깝다.

● 길기트로의 이동

카리마바드에서 길기트로 바로 가는 버스는 없다. 일단 스즈키를 타고 알리아바드로 가야 한다. 요금은 10루피(2007. 5)이다.

알리아바드에서는 길기트로 가는 버스가 있다. 요금은 90루피(2007. 5)이다.

이 알리아바드에서는 이슬라마바드로 가는 버스가 하루에 2회(10:00, 13:00) 있다.

● 종합버스터미널 → 시내

스즈키가 많다. 요금은 10루피(2007. 5)이다.

● 버스표 예매

길기트 → 라왈핀디

나트코 버스가 1일 7회(2007. 5) 있다. 출발 시각은 07:00, 08:00, 09:00, 11:00, 13:00, 15:00, 17:00이다. 소요 시간은 약 17시간이다. 요금은 750루피(2007. 5)이다.

나트코 버스 출발 장소는 전에는 마디나 호텔 옆이었지만 재작년(2005년)에 현재의 종합버스터미널로 옮겼다.

● 숙박

• 마디나 호텔 & 게스트 하우스(Madina Hotel & Guest House)

배낭여행자들이 가장 선호하는 호텔이다. 이 호텔은 배낭여행자 전문 숙박시설이라고 할 정도로 배낭여행자들을 위한 여러 가지 시설을 갖추고 있다. 배낭여행자 숙박을 위한 많은 노하우가 쌓인 듯 하다.

마당에 커다란 탁자와 의자가 비치되어 있어서 여행자들은 이곳에서 식사하고 대화도 하며 상호 여행정보를 교환할 수 있다. 한쪽에 커다란 텔레비전이 있음으로 해서 여행자들이 여러 가지 방송문화를 접할 수 있다.

요금은 1·2인실이 200루피 정도, 도미토리는 50~70루피이다.

마디나 호텔에 도착하는 방법은 버스터미널에서 스즈키를 타고 일단 시중심지로 들어와야 한다. 차를 타면서 기사에게 마디나 호텔 부근에 오면 내려달라고 부탁한다(동승하고 있는 파키스탄 사람에게 묻거나 부탁하는 것도 좋은 방법이다.). 기사가 내려주면 시민들에게 물어서 찾아가면 된다. 시내

가 그다지 크지 않기 때문에 걸어서 가도 그다지 힘들지 않는다. 마디나 호텔
은 17년의 역사를 가지고 있는 호텔이기 때문에 웬만한 사람은 다 알고 있다.
　이 이외에도 길기트 시내에 여러 개의 호텔이 있다.

마디나 호텔 & 게스트 하우스 내 정원의 대화방. 주변에 만국기를 게시함으로써 이곳이 세계 각국의 배
낭여행자들이 모이는 곳이라는 인상을 깊게 주고 있다. 태극기도 한 자리 차지하고 있다. 그런데 괘(卦)가
맞지 않는다. 외국인에게 우리 국기의 괘를 정확히 그리리라 기대하는 것은 좀 무리인 듯하다.

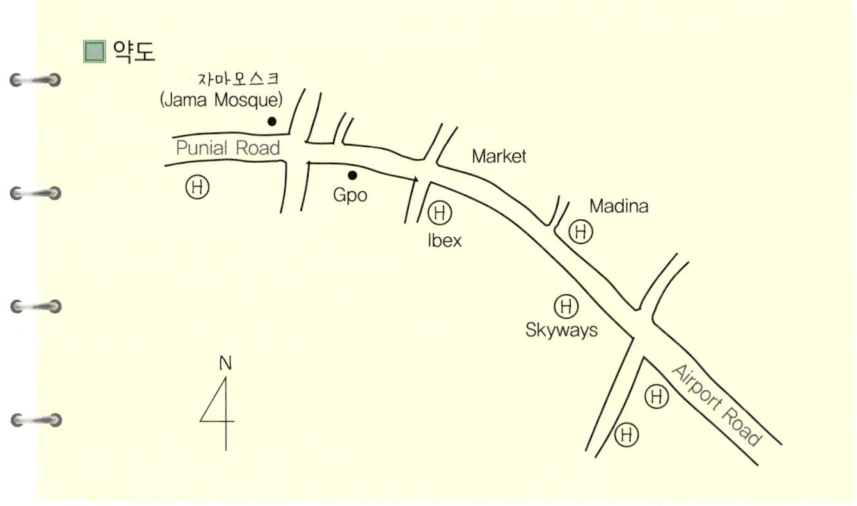

● 식음(食飮)

마디나 호텔에서 먹을 수 있다. 호텔 문을 나서면 시시케밥 등을 파는 식당이 여러 곳 있다.

● 관광

카르가 석불에 가려면 스즈키를 타거나 택시를 대절해야 한다.

시내 한쪽에 강이 있으므로 강변을 산책하는 것도 좋다. 또한 시가지를 천천히 걸으며 이것저것 구경하는 것도 좋은 관광이다.

● 인터넷 피시방

마디나 호텔 내에 피시방이 있다. 요금은 매우 저렴하다.

● 기타

· 길기트 → 치트랄(Chitral)

1일 1회, 08:00시에 버스가 출발한다. 이밖에도 스칼도로 가는 버스도 있다.

▶ 길기트 → 라왈핀디 나트코 버스표
▼ 나트코 버스 시각표

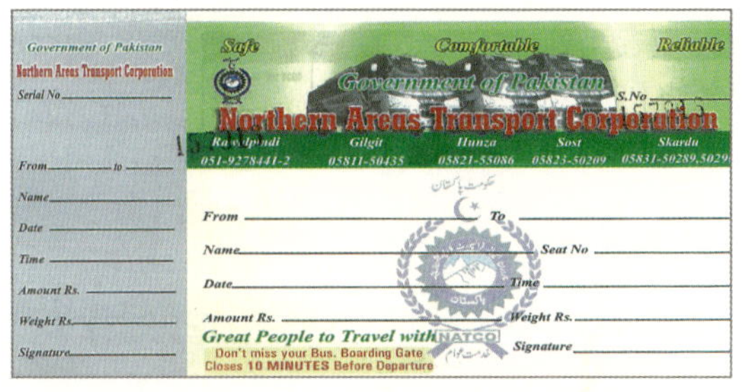

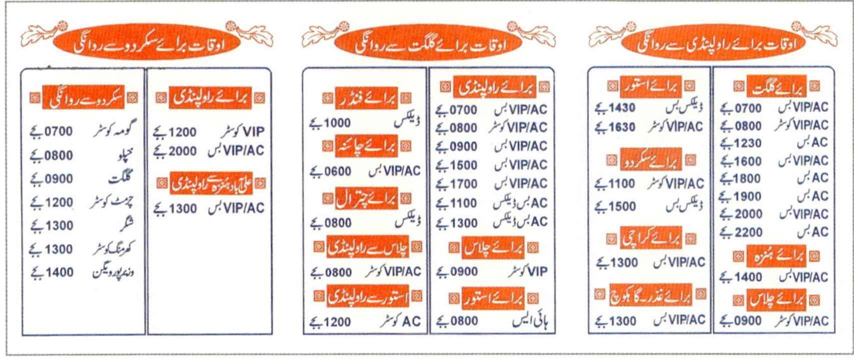

라왈핀디(Rawalpindi)

● 종합버스터미널 → 호텔

스즈키나 이와 비슷한 교통 수단 또는 택시를 이용한다.

● 숙박

• 알 아잠(Al-Azam) 호텔

라왈핀디는 시(市) 중간을 관통하는 철로를 중심으로 하여 구(舊) 시가지와 신(新) 시가지가 있는데 이 호텔은 신 시가지에 있다.

배낭여행자들이 많이 오는 호텔이다. 주변에 시

알-아잠 호텔 명함

장이 있어서 식사 등에 편리하다. 또한 항공표를 구입할 수 있는 여행사, 은행, 사설 환전소 등이 가까이 있다. 종업원들이 친절하고 영어가 능통하다.

요금은 1·2인실이 200루피 정도, 도미토리는 50~70루피이다.

이밖에도 이 호텔과 가까운 곳에 알 팔라(Al-Falah) 호텔이 있다.

이지상 씨의 『실크로드』에 나오는 Popular Inn은 폐쇄됐다.

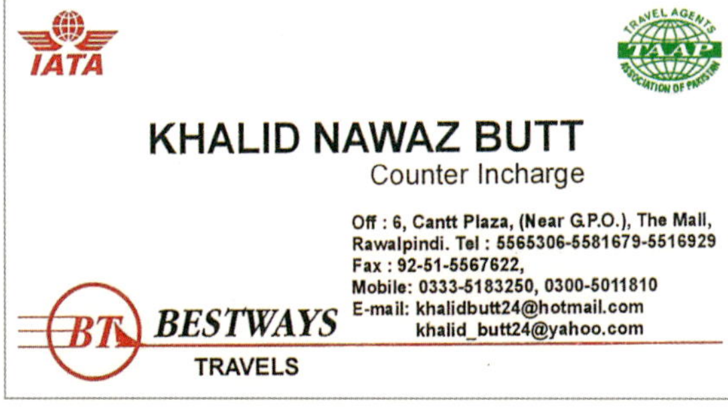

베스트웨이 여행사 근무자 명함

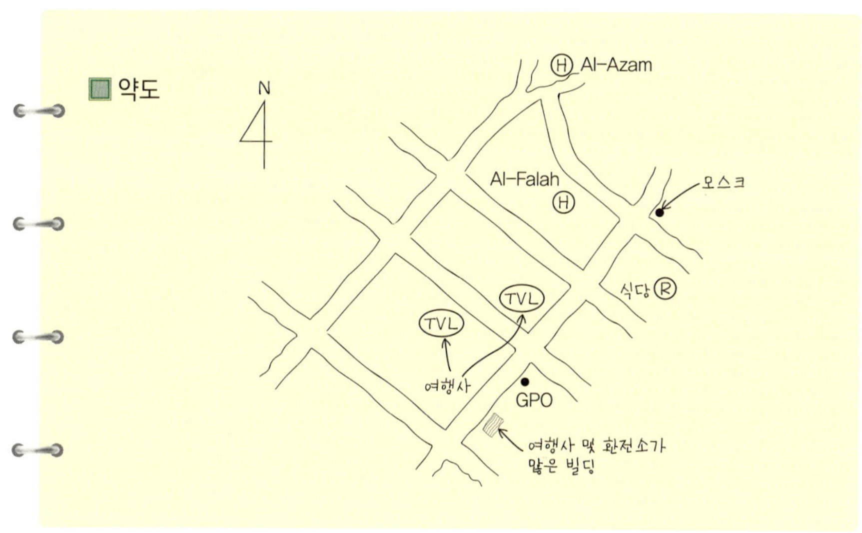

식음(食飮)

알 아잠 호텔에 묵을 경우 주변에 식당이 여러 개 있다. 알 아잠 호텔 방향으로 갈라지는 큰길 옆 모스크(mosque) 건너편에 있는 식당에서는 시시케밥도 판다. 서역(西域)에서 먹은 시시케밥이 생각나면 이곳으로 오면 된다.

관광

시장(市場·바자)이 볼만하다. 구시가지에는 라자 바자(Raja Bazzar) 신시가지에는 사다르 바자(Saddar Bazzar)가 있다.

이밖에도 로타즈성(Rohtas Fort)이 있으나 거리가 멀다. 렌트카로 편도 3시간 소요된다.

기타

• 핀디 → 페샤와르

버스로 3시간이 소요된다.

● 핀디 → 라호르

핀디에서 라호르로 이동코자 한다면 우리나라 대우그룹에서 설립한 '대우 버스'가 좋다. 깨끗하고 에어컨디션이 잘 되어 있다. 버스는 수시로 있고 정시에 출발한다. 음료수도 주고 과자도 준다.

핀디 → 라호르(Lahore) 버스표

이슬람 국가답지 않게 여성 근로자가 있다. 그는 버스 안내양이다.

소요시간은 약 4시간 2~30분, 요금은 타 버스보다 약간 비싸서 470루피(2007. 5)이다.

라호르(Lahore)

● 숙박

역전 주변은 호텔이 많지만 전부터 도둑이 많아서 피해를 보았다는 사람들이 많으므로 피하는 것이 좋다.

• YWCA 호텔

주방 설비가 되어 있다. 관광안내소가 가까이 있어서 편리하다. 관광안내소에서는 도시관광 프로그램을 운영하고 있다. 마당에 텐트도 칠 수 있다. 남자도 숙박이 가능하다.

요금은 1 · 2인실이 150~200루피이다.

이밖에도 YMCA 호텔, Queens Way 호텔, Clifton 호텔 등이 있다.

● 식음(食飮)

호텔 주변에 식당이 있다. 그리고 맥도날드, KFC, 피자헛(Pizza Hut)도 주변에 있으니까 파키스탄 음식에 싫증이 날 때 가면 된다.

● 관광

• 라호르박물관

개관 시간은 4월부터 9월까지는 오전 9시부터 오후 5시까지이고, 10월~이듬해 3월까지는 오전 9시부터 오후 4시까지이다.

매주 수요일과 매월 첫째 월요일은 휴무이다.

입장료는 100루피(2007. 5)이고, 일반 카메라 휴대비 10루피, 비디오 카메라는 15루피이다. 카메라 휴대비를 내면 사진을 마음껏 찍을 수 있다.

라호르에서 이밖에도 둘러볼 곳으로는 라호르 성(城), 바드샤히 모스크, 그리고 구(舊)시가(市街) 등이 있다.

● 기타

라호르에서 인도로 가는 열차가 주 2회 있다. 출발 일시는 매주 화요일과 금요일 아침 7시 30분이다.

참고문헌

- 김대환, 『그래도 우리에게 산이 있기에』, 수문출판사, 1996
- 김장호, 『나는 아무래도 산으로 가야겠다』, 일진사, 2007
- 박종홍 外, 『한국의 명저 2 왕오천축국전 편』, 현암사, 1993
- 송기헌, 『왕오천축국전과 혜초 서역 순례의 관광학적 고찰』, 혜전대학 출판문화
  연구소 논문집 제1집, 1999
- 이종익, 『한국의 인간상 제3권 혜초 편』, 신구문화사, 1966
- 이지상, 『실크로드 여행』, 북하우스, 2003
- 정수일 역주, 『혜초의 왕오천축국전』, 도서출판 학고재, 2006
- 정지영, 『실크로드』, 도서출판 성하출판, 2006
- 천상병, 『요놈 요놈 요 이쁜놈!』, 도서출판 답게, 1996
- 현장법사 · 권덕주 옮김, 『대당서역기』, 우리출판사, 1994
- 황정해 · 임이소연, 『베이징 & 실크로드』, 김영사, 2003
- 혜초 원저 · 장의 箋釋, 『왕오천축국전전석』, 중화서국, 1994

혼자 떠나는 실크로드 노하우

가자, 실크로드 배낭여행

2008년 1월 10일 인쇄
2008년 1월 15일 발행

지은이 : 송기헌
펴낸이 : 이정일

펴낸곳 : 도서출판 **일진사**
www.iljinsa.com

140-896 서울시 용산구 효창동 5-104
전화 : 704-1616 / 팩스 : 715-3536
등록 : 1979. 4. 2, 제3-40호

값 9,000원

ISBN : 978-89-429-0998-8